工装夹具那些事儿

子　谦　编著

机 械 工 业 出 版 社

本书以小说的形式展开，通过一个个具体的应用实例，帮助读者轻松掌握工装夹具的相关知识。全书共 8 章，分为三个部分。第一部分是第 1~3 章，重点介绍了夹具设计的理论基础，夹具的开发流程和其背后的逻辑原理，以及相关的要点和难点，包括定位和夹紧原理及其应用、自由度及其应用、定位方案、定位误差校核、夹紧力三要素、流程应用的背景、流程应用的目的和流程的核心原理。第二部分是第 4~7 章，记录了一个典型铣床夹具开发的全过程，体现了夹具开发流程各阶段的输入、输出和关键点，以及如何形成重要的技术文件，包括如何收集并整理资料、方案设计技巧和风险评估、设计与制造的细节事项、安装与验收的常用方法和操作细节。第三部分是第 8 章，整理了夹具的开发流程，系统地梳理了夹具开发的细节知识点。

本书可作为工装夹具相关培训的教材，也可供夹具设计相关技术人员和机械相关专业师生参考。

图书在版编目（CIP）数据

工装夹具那些事儿/子谦编著. —北京：机械工业出版社，2020.7（2024.4 重印）

ISBN 978-7-111-65864-1

Ⅰ.①工… Ⅱ.①子… Ⅲ.①夹具 Ⅳ.①TG75

中国版本图书馆 CIP 数据核字（2020）第 109081 号

机械工业出版社（北京市百万庄大街 22 号　邮政编码 100037）

策划编辑：王晓洁　责任编辑：王晓洁

责任校对：王明欣　责任印制：任维东

北京中兴印刷有限公司印刷

2024 年 4 月第 1 版第 6 次印刷

169mm×239mm·8.25 印张·163 千字

标准书号：ISBN 978-7-111-65864-1

定价：35.00 元

电话服务　　　　　　　　　　网络服务

客服电话：010-88361066　　机　工　官　网：www.cmpbook.com

　　　　　010-88379833　　机　工　官　博：weibo.com/cmp1952

　　　　　010-68326294　　金　书　网：www.golden-book.com

封底无防伪标均为盗版　　机工教育服务网：www.cmpedu.com

前　言

机械制造是国家强盛的基石，民族复兴的支柱。夹具作为机械制造业不可或缺的重要工艺装备之一，为提高机械加工的质量和效率提供了强大的保证。同时，夹具的应用降低了生产成本和工人的劳动强度，也降低了对工人过高的技术要求。

本书共 8 章，可以分为三个部分。

第一部分是第 1~3 章，重点介绍了夹具设计的理论基础，夹具的开发流程和其背后的逻辑原理，以及相关的要点和难点。其中，第 1 章介绍了夹具基础知识，包括定位和夹紧原理及其应用、自由度及其应用；第 2 章介绍了夹具设计的应用技巧，包括定位方案、误差校核、夹紧力三要素；第 3 章介绍了夹具开发流程的逻辑，包括流程应用的背景、流程应用的目的、流程的逻辑原理。

第二部分是第 4~7 章，记录了一个典型铣床夹具开发的全过程，体现了夹具开发流程各阶段的输入、输出和关键点，以及如何形成重要的技术文件。其中，第 4 章为第一阶段，即夹具策划和准备，包括如何收集并整理资料等；第 5 章为第二阶段，即夹具方案设计及评审，包括方案设计技巧和风险评估等；第 6 章为第三阶段，即夹具设计与制造，包括设计与制造的细节事项；第 7 章为第四阶段，即夹具安装与验收，包括安装与验收的常用方法和操作的细节。

第三部分是第 8 章，整理了夹具的开发流程，系统地梳理了夹具开发的细节知识点。

本书主要特色如下：

1）以小说的形式展开，在故事的展开中帮助读者建立工装夹具的工程应用思路，提高使用水平。

2）含有大量的工程应用实例，通过实例总结出夹具背后的原理和技术。

3）采用了现行的国家标准和制图标准。

希望通过本书推广夹具设计理论和技巧的同时，更希望推广本书中介绍的夹具开发管理理念。

首先，将以往隐性的技术开发过程显性化，也就是通过文件和表格记录开发过程中的要点、难点和问题解决的思路，从而打开企业技术经验的积累通道，为技术文明的传承提供保证。

其次，三阶段式需求导向法则（要求，风险分析与计算，行动计划）：从传统的个人经验到流程化功能导向模式的转变，适应现代化团队协作的新需求，让技术管理更轻松、更科学，从而让同样规模的技术团队可以承担更多、更难的技术项目。

在本书编写过程中，周哲波、齐大海、刘闯、梁健等同志给予了大力支持，在此深表感谢！

由于编者水平有限，书中难免存在疏漏和不妥之处，恳请广大读者批评指正。

编　者

目　录

第1章

工装夹具基础概论

1.1 第一次亲密接触夹具——工装夹具

　　子谦进入汽车行业工作有段时间了，今天，子谦来到老单位的同事海挺家参加生日聚餐。午餐后，海挺的手机响起，原来是建明兄的求救电话。建明兄在一家外资企业做工装工程师，现在正开发的一个熔焊工装，其不良率为 50%，在缩减定位间隙和选择更高精度表面定位后不良率仍然没有改观。于是，海挺就赶去现场查看，子谦因对工艺工装也有兴趣，便一同前往。

　　零件图如图 1-1 所示，焊接夹具如图 1-2 所示。

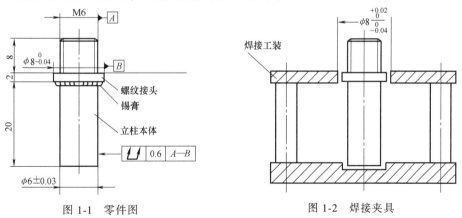

图 1-1　零件图　　　　　　　　　　图 1-2　焊接夹具

　　海挺看见零件图和夹具图后说："目前的定位方式的确会导致接头倾斜的现象，因为定位间隙产生了很大的误差转角。"

　　海挺问道："现在工件与定位元件 [孔 $\phi(8.00\sim8.02)$mm] 之间的间隙是多少呀？"

　　建明说："$0\sim0.06$mm。"

　　海挺说："既然有间隙，那么工件（螺纹接头）在焊接中倾斜的最极端情况是什么样的呢？"

　　建明说："按图 1-3 所示，接头的头部完全向左倾斜，程度由 2mm 厚度的定位面来控制，倾斜角度 α 可以这样计算。也就是说接头的头部倾斜量 Δ_1 在力臂的作用下会增加到 0.27mm。"

$$\sin\alpha = \frac{\dfrac{0.06}{2}}{1} = \frac{\Delta_1}{9}, \quad \Delta_1 = 0.27mm$$

海挺点头："对，总成是以螺纹面为第一基准，而且立柱本体的长度比接头还要长，会进一步增加直径为 $\phi6mm$ 立柱本体的倾斜量，也就是增加了它的跳动值，对吧？那么请算一下是多少？"

建明低头在纸上计算后解答："根据图 1-4，α 角度是恒定不变的，所以仍然可用三角函数关系得到

$$\sin\alpha = \frac{\dfrac{0.06}{2}}{1} = \frac{0.27}{9} = \frac{\Delta_2}{20}, \quad \Delta_2 = 0.6mm$$

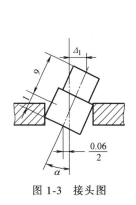

图 1-3　接头图

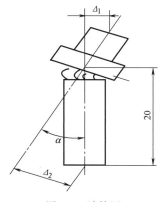

图 1-4　计算图

"所以，立柱中心的偏移量为 0.6mm，跳动将达到 1.2mm。终于明白了！"

接着建明又问："那怎么办呢？难道要通过减小 $\phi8mm$ 接头的直径公差来减轻倾斜程度？但是这样会增加采购成本呀。"

海挺说："有更好的方法，接头上 $\phi8mm$ 的圆柱和 M6 的螺纹是在仪表车上一刀车削出来的吗？"

建明答："是的，若用 M6 螺纹大径定位，螺纹大径的公差可比 $\phi8mm$ 圆柱的公差大很多。"

海挺说："我们来研究一下接头的极限状态，预估螺纹大径为 $\phi(5.88\sim5.95)mm$，取极限 $\phi5.95mm$，螺纹与 $\phi8mm$ 圆柱面的同轴度误差为 0.02mm，$\phi8mm$ 圆柱的最大值为 $\phi8.00mm$，在同轴度作用下取极限值 $\phi8.02mm$，于是我们可以绘制接头的极限状态图 1-5。"

确定大家看懂图 1-5 后，海挺继续说："我们可以设计一个定位工装

（图1-6），$\phi(5.96 \sim 5.98)$ mm 的孔与螺纹配合，$\phi(8.03 \sim 8.05)$ mm 的孔与 $\phi8$mm 的圆柱配合。接下来，你们算一下接头的倾斜角度是多少？"

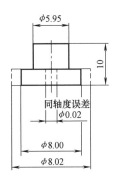

图1-5　接头的极限状态图

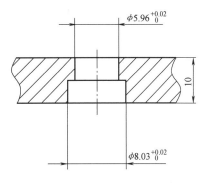

图1-6　定位工装

建明说："最极限状况如图1-7所示，接头按下极限偏差，工装按上极限偏差，

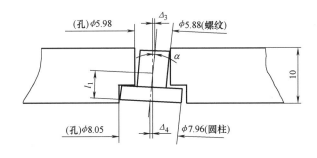

图1-7　倾斜角的极限状况

由三角函数关系可得

$$\sin\alpha = \frac{\Delta_3}{10-l_1} = \frac{\Delta_4}{l_1} = \frac{0.05}{10-l_1} = \frac{0.045}{l_1}, \quad l_1 = 4.74\text{mm}$$

焊接后，角度 α 不变，仍可用上面的三角函数计算图1-8中的 Δ_5

$$\sin\alpha = \frac{\Delta_3}{5.26} = \frac{\Delta_5}{24.74} = \frac{0.05}{5.26} = \frac{\Delta_5}{24.74}, \quad \Delta_5 = 0.24\text{mm}$$

这样，立柱本体就不会超出全跳动的公差值0.6mm了，海挺哥，太棒了！"

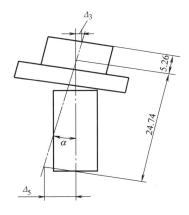

图1-8　焊接后倾斜角状况

1.2　什么是工装

这件事情虽然被解决了，但子谦受到了不小的震撼，在回去的路上，子谦问道："海挺兄，没想到这个小小的工装里面还是有许多细节值得探索哦。"

海挺说："那当然，设计一个工装是很考验工艺师水平的，今天这个工装比较简单，有些复杂的工装要考虑的地方更多，包括产品的工艺和批量，机床性能和加工能力，甚至一些复杂的工装上有液压气动，还要考虑转角和运动，有时候一个工装夹具的设计复杂程度不亚于一台机床的设计。"

子谦道："了解，而且我很有兴趣去研究。但是今天的这个装置能算是工装吗？我感觉它太简单了，而且我们单位常说夹具。夹具和工装是一回事吗？"

海挺解释："是这样的，工装是工艺装备的简称，工艺装备就是将零件加工至设计图样要求，所必须具备的基本加工条件和手段。它包括加工设备，可以分为标准设备、专用设备和非标设备，还有夹具、模具、量具、刀具和其他辅具等。所以，今天这个属于焊接工艺中的一个工艺装备，当然算工装啦。"

1.3　夹具及其工程目的

子谦不解，问："这样呀，那夹具只是工装中的一个部分？"

海挺解释道："夹具我们通常是指机加工过程中，使工件相对机床和刀具占有正确位置并且能保持位置不变的一种装夹工件的装置。它有两个非常重要的作用：第一，使工件的位置准确，也就是我们经常说的定位，知道吗？"

子谦点头道："知道。这与自由度有关，定位就是要消除工件的自由度。"

海挺接着说："对，第二个作用是使工件在加工过程中不发生位移。"

子谦说："这个我能理解，加工过程中，如果不夹紧工件会破坏它的定位，从而影响加工质量，甚至工件会飞出来造成人员伤害和设备损坏，这个作用叫夹紧。"

子谦思索了一会，又补充道："嗯，夹具的第一个作用特别重要。第一点，能快速地让零件通过定位点找到正确位置，大大地提高加工效率；第二点，由于是通过专门的定位点来装夹的，保证了零件位置的一致性，因此质量也得到了提升！"

海挺说："不仅如此，还有第三点，由于减少了装夹过程中'找正'的工作量，对工人的劳动技能要求降低了。第四点，我们上次设计了一台有准确旋转角度的工装，增加了工作面，相当于把一台三轴机床改造成了四轴机床，也就是说，可扩大加工设备的工艺范围。"

听了海挺的讲解，子谦对学习工装夹具的意愿越发强烈，说道："嗯，看来我小瞧工装夹具了，那么要想学工装夹具的设计应该从哪里开始呢？"

海挺说："此事不难，要分两个阶段来学习：首先，搞清楚必要的基础知识（定位、夹紧和定位精度校核三方面）；其次，从一个具体的工装夹具设计过程中学习其开发流程，要点是搞清楚它的输入信息、关键步骤和要点，五大元件（定位，夹紧，对刀及导向，夹具体，连接元件）的材料/热处理及性能要求，验证校核思维的建立即可。"

1.4　定位

子谦迫不及待地问："嗯，那我们今天从定位开始聊起，可以吗？"

海挺佯装叹了口气，说道："我说了半天连水都没得喝，你还要学这学那，你是不是看我年纪大了好欺负呀？"

子谦走过去一手搭在海挺肩上赔笑道："海挺师傅，前方 500m '孙二娘海鲜包子店'已备好酒菜，特别是有您爱喝的三碗能过冈老刀子酒，怎么样？"

海挺笑着说道："如此破费，在下只能恭敬不如从命啦。"

1.4.1　零件的自由度

海挺一行人走进后，坐定，店家先上了招牌赠品——景阳冈方正馒头，海挺顺手取了一个，玩兴大起，问道："子谦，此馒头的空间自由度有几个？"

子谦答："前辈，不多不少正好 6 个，常人的视觉系统是三维空间（由三根相互垂直的轴组成），可将物体在空间的运动分为 3 个移动（沿三根轴方向）和 3 个转动（绕着三根轴）。"

海挺道："放在平面桌上，还剩几个？"

子谦移动着桌上的馒头说："贴桌面且相互垂直的两个移动，同时贴桌面自身的一个转动，剩下这三个。"

海挺又问："嗯，如果将餐巾纸盒贴其侧面，是怎样的情况？"

子谦举起一根筷子道："再去两个，仅剩下贴桌面与纸盒相交直线方向上的移动。若小弟加筷子阻之一，仅 ONE POINT 即可。"

海挺赞道："你悟性极高，这里还有一问，是否所有结构的第一基准有且仅消失三个自由度？"

海挺用手握住酒杯又问："如果酒杯当作一根轴，我的手掌抱住轴当作孔，那么将轴装入孔后，会消失几个自由度呢？"

子谦观察了一会后给出结论："消失了 4 个，也就是说结构不同，自由度的控制数量也有变化。"

海挺点头道："是的，结构不同的确消失的自由度数也不同，但是只要掌握了方法，依然可以简单地判断。"

子谦立刻起身，给海挺的空杯加酒，满脸期许与崇拜，说道："海挺兄，小弟给您满上。"

海挺抿了口酒说："记住步骤。第一步，在你要研究的工件上建立坐标系（三维，图1-9）；第二步，列表格（见表1-1）；第三步，将工件按装配顺序与基准贴合，从第一基准开始数控制了几个自由度即可，见表1-2。"

子谦称赞道："好主意，我也想起来ASME Y14.5标准中有记录，它讲述了不同结构的第一基准可以控制不同数量的自由度。图1-10所示的锥面定位消失了5个自由度，图1-11所示的键型结构消失了5个自由度。最厉害的是，图1-12将会限制6个自由度。"

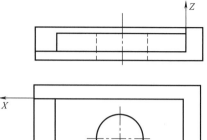

图 1-9　建立坐标系

表 1-1　列表格

基准	X	Y	Z	X旋转	Y旋转	Z旋转	消失的自由度
A							
B							
C							

表 1-2　填空

基准	X	Y	Z	X旋转	Y旋转	Z旋转	消失的自由度
A	√	√	×	×	×	√	3
B	×	√	—	—	—	×	2
C	—	×	—	—	—	—	1

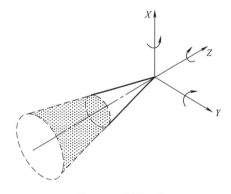

图 1-10　锥面定位

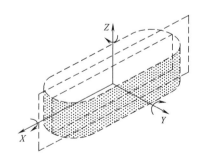

图 1-11　键型结构

1.4.2　定位与被控尺寸的关系

这时，"店小二"来到桌前招呼："二位客官好，现在本店的新菜品——武大郎现切 1mm 厚桂花糕，要不要来一份？"

海挺问："'现切'是什么意思？和你手上端的工具有关系吗？"

"店小二"说："客官好眼力，这正是本店的独门秘器，武大郎 1mm 现切机呀，来一份开开眼吧？"

子谦跃跃欲试道："好的，来一份。"

没过多久"店小二"出现了，说道："二位客官，来勒！您瞧好了！"

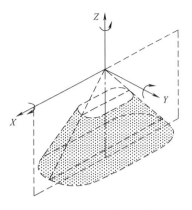

图 1-12 限制 6 个自由度

如图 1-13 所示，首先将成条整体的桂花糕向右推到底，使桂花糕头部和限位挡块贴平，然后刀从上向下移动，于是整齐、厚薄均匀的 1mm 桂花糕就"生产"出来了。

海挺"职业病"犯了，说道："咱研究下这秘器，这限位挡块在机加工中有什么专业意义或术语？"

子谦恍然大悟："这不就是我们刚才说的'定位'吗？"

海挺说道："对，正是如此。那么这个定位有什么作用和讲究吗？"

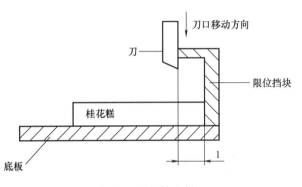

图 1-13 切桂花糕

子谦抵挡住美食的诱惑，继续分析道："首先，限位挡块控制了桂花糕的左右移动，也就是自由度控制住了；然后，刀下来时切割位置到限位挡块表面位置的距离正好是产品要求的尺寸。表面上看起来，定位使自由度消失了，其实真正的目的是确保产品的关键加工尺寸，对吗？"

海挺说："聪明，简单一点讲，定位就是让工件找到正确的位置。因为工件有本身的坐标系，机床也有，如何建立两个坐标系之间的联系，这个过程就是'定位'。学术一点来讲，定位就是使工件在机床或夹具中占有正确位置。"

子谦说："我明白了，上次的一个板类工件，在磨削加工中只是为了确保厚度尺寸（10±0.01）mm（图 1-14），所以定位方式只要下表面贴磨床工作台即可。安装时，向左右移动或前后移动一点，甚至稍微在工作台上旋转一下都没影响。"

在回去的路上，海挺就"过定位"及"欠定位"、"完全定位"和"不完全定位"等向子谦进行了简单介绍。只因天色已晚，他们约定下次见面再好好聊一聊。

1.4.3 过/欠/完全/不完全定位

子谦忙完工作后，来到现场想了解本工厂的各种夹具，机加工车间主任安晓娜正在检查异常工位的夹具，于是子谦立刻前去围观充当"吃瓜群众"，不放过任何一个偷学工装夹具知识的机会。

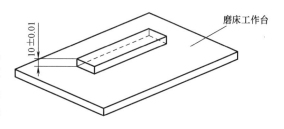

图 1-14　确保厚度尺寸

假装很懂夹具设计的子谦研究了一下图 1-15 夹具的工件要求和图 1-16 V 形块定中心，大轴的左侧面与 V 形块侧边定轴向移动。

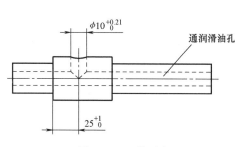

图 1-15　工件要求

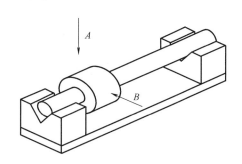

图 1-16　V 形块定中心

子谦疑惑地说："安晓娜主任，这个夹具有点欠定位，还有一个旋转的自由度没有控制。"

快人快语的安晓娜说道："目前的这个夹具是为了加工这根轴的径向加油孔，那么在图 1-16 所示的 A 向或 B 向打孔有区别吗？"

子谦答道："没区别。但是这样的确还有一个轴向旋转的自由度没有控制，的确不影响产品的功能与质量。如果不叫欠定位，应该叫什么呢？"

安晓娜耐心地解释道："这个只能称为'不完全定位'，在很多加工中，是不需要将 6 个自由度全部控制的，所以请注意，要从两个方向/角度去看问题。

第一，从工件本身 6 个自由度的限制情况来看，如果全部得到限制，则称为'完全定位'，否则称为'不完全定位'。第二，从是否满足工艺要求限制的自由度情况来看，分为欠定位和过定位。应该限制的自由度没有被限制则称为'欠定位'；而过定位又叫'重复定位'，是工件的同一个自由度被两个或两个以上的定位元件重复限制的一种定位方案。"

子谦说道："娜姐就是专业！您这么一解释，我这个夹具的门外汉秒懂。"

子谦飞奔回办公室给海挺发了一封邮件，内容如下：

（1）欠定位：应该限制的自由度未限制。

（2）过定位：自由度被重复限制。

（3）完全定位：完全限制工件的 6 个自由度。

（4）不完全定位：没有完全限制工件的 6 个自由度。

1.5 夹紧

1.5.1 夹紧等于不动

第二天，海挺回复邮件：恭喜已掌握工装的定位要点，接下来请研究"夹紧"，记住夹紧的另一个名字叫"不动"，但不动的含义和内容请在工作中去悟。

子谦心里想，这个海挺又在故弄玄虚，夹紧不就是让工件不动吗？

子谦来到生产车间，看见 10 号机处于红灯报警状态，异常停机的原因是零件图 1-17 所示的圆环内孔出现了图 1-18 所示的轻微三角形的情况。

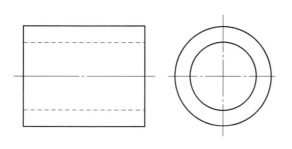

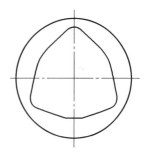

图 1-17 零件图   图 1-18 轻微三角形

子谦立刻加入到讨论中来。正在大家不知所措时，安晓娜主任出现了。

安晓娜问明情况后说："这是因为三个卡爪的夹紧力过大，导致薄壁圆环变形（向内凹），加工完成后夹紧力消除，工件本身的弹性变形会回弹，才变成了这样。"

新来的工程师路路说："娜姐，之前我们的夹紧力（10 号机是车床，采用液压夹紧系统）是 4kgf（1kgf≈9.8N），车削过程中，零件因产生了圆周方向的旋转而产生位移，所以我才调到 5kgf 的，如果是由夹紧力太大造成的，那怎么办呢？"

子谦道："是呀，娜姐，夹紧的目的就是让零件不动，总不能减少夹紧力吧？"

1.5.2 夹紧三原则：不位移，不变形，不振动

安晓娜反问道："子谦，夹紧的确是让工件不动，而这个'动'字不论在宏观物理世界还是在微观世界，都只表现为位移吗？变形算不算'动'呢？"

子谦大悟道："我终于明白了'不动'的意思，在机加工过程中微观的变形如果影响了被加工面的质量，也是不允许的，所以不动有两个含义：不位移，不变形。"

路路问道："娜姐，我是第一次加工这么薄的零件，您有什么好办法吗？"

安晓娜想了想，答道："这个好办，有三种方法。第一，对小批量的，我们可以用'未裂先开'的方法，将工件留一定余量，如图 1-19 所示，在夹紧端与被加工端之间先开一个环形的槽，待加工完成后把工件与步留之间切开（图 1-20），但这种方法非常耗材料。

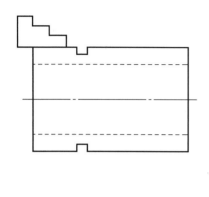

图 1-19　开环形槽

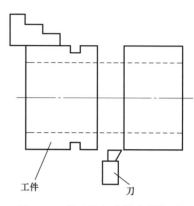

图 1-20　把工件与步留之间切开

"第二，批量大了可以做一个套筒，如图 1-21 所示，三个卡爪先夹紧套筒，套筒内壁夹紧工件，这样变形就均匀了，但取放工件耗时。

"第三，如图 1-22 所示，将三段瓦片状的工装焊接在车床的三个卡爪上，记住要点，三段瓦片的内孔要在车床上一刀切出来，比工件的外径稍大一点。这种方法效率高，但工装要定制，需要成本。你自己决定，据我所知，这个项目还有两个月时间 PPAP（生产件批准程序），来得及。"

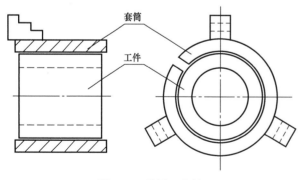

图 1-21　采用"套筒"

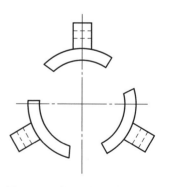

图 1-22　采用三段瓦片状工装

安晓娜接着说："除了位移、变形之外，还有振动，有些零件的刚性不好，加工的切削力会使它产生振动，这也是对加工过程很不利的因素。"

子谦忙点头，说道："娜姐，我总结一下，夹紧的目的是以工件在加工过程中保持正确的定位状态不变为前提，并且还要限制工件的位移、变形和振动，还要再加上一句，即使在工件受力的状况下也要如此，所以'定位'和'夹紧'完全是两个概念。对吗？"

1.5.3 工件受力来源

安晓娜说道："说得好，再问你一个问题，加工过程中工件受哪些力呢？"

子谦略作思索后答："在今天这个环状工件上来说，当夹紧力是4kgf时，工件产生位移，而这个力是切削本身产生的，如果是大型不对称工件，可能会在旋转中产生离心力，还有在断续切削中会产生冲击力。"

安晓娜说："总结一下，夹紧就是在不破坏定位的情况下，使工件在切削受力过程中不产生位移、变形和振动。那么，工件的受力主要来源有切削力、离心力、重力冲击力和振动。好了，我开会去啦。"

安晓娜离开了，子谦还在思考车床4kgf力和5kgf力的事情，似乎有另一种解释，夹紧就是克服加工过程中工件所受的各种不应有的力和力矩。

子谦于是和海挺通了一个电话，并进行了总结，见表1-3。

表1-3 定位与夹紧的区别与联系

	定位	夹紧
定义	使工件在机床或夹具中占有正确位置	保证工件不因外力的作用而发生位移
关键点	确保产品的关键加工尺寸	三不原则：不移动、不变形、不振动
相关要求	六个自由度 六点定位原理	克服工件在加工过程中所受的各种力：切削力、离心力、重力冲击力和振动 $\sum F_i = 0$；$\sum M_i = 0$

练　习　题

1-1　请简要谈谈什么是工艺装备。

1-2　工艺装备包括哪些具体内容？

1-3　请简要谈谈什么是夹具。

1-4　请简要谈谈什么是定位。

1-5　请简要谈谈什么是夹紧。

1-6　请简要谈谈工件在加工过程中会受到哪些力的影响。

1-7　请简要谈谈工装夹具的工程使用目的。

1-8　请简要谈谈六点定位原理。

1-9　请简要谈谈定位的目的。

1-10　从工件本身的6个自由度限制情况来看，定位情况可以分为哪几类？

1-11 从是否满足工艺要求限制的自由度情况来看，定位情况可以分为哪几类？

1-12 如果需要控制图 1-23 所示的尺寸 A、B，则图 1-24 所示结构限制的自由度数够吗？

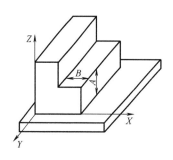

图 1-23 题 1-12 图 1

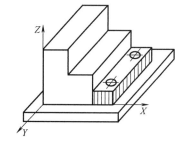

图 1-24 题 1-12 图 2

1-13 请简述夹紧三原则。

第2章

夹具设计的要点

2.1 定位方案设计

新来的工程师路路一路小跑，冲向车间，口中不停地说着："又出问题了，怎么办呀？"原来是一个带台阶的套筒工件，平行度超差，如图2-1所示。

同时，路路画出了该工件的夹具简图（图2-2，图2-3）。如图2-2所示，双点画线所示为工件，车削大端面，然后调头车削小端面，如图2-3所示。工件的定位由两个元件完成：第一，与工件内孔配合的胀套来定位工件中心；第二，由工件左边的轴向定位块来限制工件在轴向的位置。

工件的夹紧是由液压力控制的膨胀机构实现的。在液压力的作用下，锥销向左移动，此时，锥销的锥面将与胀套的锥面发生均匀的作用力和反作用力，这个作用力将使胀套的外径均匀增大，膨胀后的胀套外表面将与工件均匀接触并产生压紧力，这个压紧力在摩擦力的作用下将工件夹紧，以克服加工过程中的切削力。

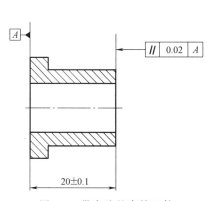

图2-1 带台阶的套筒工件

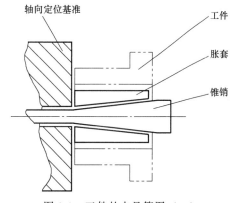

图2-2 工件的夹具简图（一）

路路说："子谦同志，我觉得是机床的精度问题。因为我的夹具是按工艺图来设计的，定位也和工艺图保持一致。"

子谦说："你带来工艺图了吗？我们研究一下吧。"

路路说："我没带工艺图，但是我记得这两个工序的内容和工艺图，我画给你看它们的定位关系。图 2-4 是 OP30 车削大端面，图 2-5 是 OP40 车削小端面。由于两个工序都是中心孔和侧边定位，此零件的批量不大，为了降低夹具成本，因此我们将这两道工序合并，设计了一个可以满足两个工序的夹具（图 2-2 和图 2-3）。您看有问题吗？"

本来就是门外汉的子谦只能敷衍一下："对呀，没问题。"

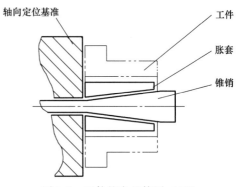

图 2-3　工件的夹具简图（二）

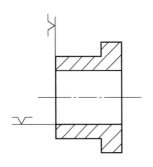

图 2-4　OP30 车削大端面

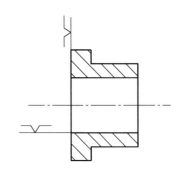

图 2-5　OP40 车削小端面

2.1.1　定位符号上的数字与自由度的关系

"对？"神出鬼没的安晓娜说，"路路同志，你问一个从来就没设计过夹具的子谦，您这不是病急乱投医吗？"

两道求助的目光望向安晓娜同志。

路路开口道："娜姐，帮我看看吧。"

安晓娜说："路路，你画的工艺图少了很多关键信息，你去拿过来，我告诉你如何看懂工艺图与工装夹具的关系。"

路路拿来工艺图后，安晓娜认真看完夹具图和工艺图。

安晓娜笑道："你们俩没有完全看懂工艺图中的定位要求呀，'～'这个符号的确是'定位基准'的符号，但是你们有没有看到这个定位符号上面的数字，以及这些数字是什么意思呢？"

子谦和路路认真看完工艺图（图 2-6 和图 2-7）后，发现的确在定位符号上面有数字。

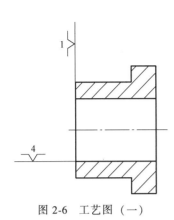

图 2-6　工艺图（一）

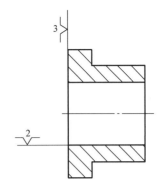

图 2-7　工艺图（二）

路路率先发问："对呀，OP30 和 OP40 中的数字的确不同，但是这会有什么区别呢？"

安晓娜说："这些数字是自由度的意思，比如图 2-6 中，中心孔的定位要限制 4 个自由度，而图 2-7 中中心孔的定位要限制 2 个自由度。"

子谦说："安晓娜主任，我明白数字的含义了，但是我们用内孔定位，那必然要限制 4 个自由度呀？图 2-7 中要求限制两个自由度，如何才能做到呢？"

路路也疑惑地望向安小娜。

2.1.2　长短销定位

安晓娜说："听说过'长短销'定位？"

说完，安晓娜随手画了图 2-8 和图 2-9。两图中的工件是一样的，一个套筒类零件。图 2-8 中以内孔定位，定位销的长度与工件的内孔等长，图 2-9 中也以内孔定位，定位销与内孔配合的长度很短，只有 5mm。

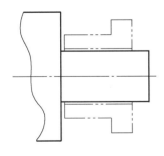

图 2-8　内孔定位（一）

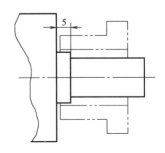

图 2-9　内孔定位（二）

子谦立刻用海挺在本书第 1.4.1 节中传授的方法来研究这两种结构。

首先，建立基准坐标系，如图 2-10 和图 2-11 所示。然后，在表格中数数长短销各消失了几个自由度。

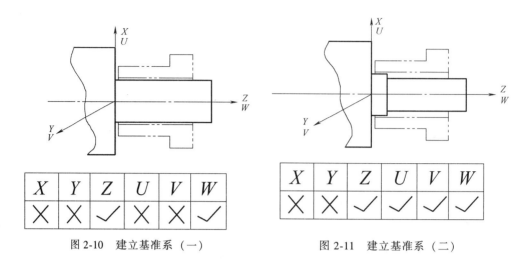

X	Y	Z	U	V	W
✗	✗	✓	✗	✗	✓

图 2-10　建立基准系（一）

X	Y	Z	U	V	W
✗	✗	✓	✓	✓	✓

图 2-11　建立基准系（二）

由于短销配合长度方向很小，因此只要一点点间隙，那么整个工件将在长度方向上产生加倍的移动，也就是 U 和 V 向的旋转运动。所以长销可以限制 4 个自由度，短销可以限制 2 个自由度。

路路恍然大悟道："哦，这样一来，同样是孔定位，如果与其配合的定位销的结构不同，那么限制工件的自由度数量也不同。所以我一直认为 OP30（图 2-6）和 OP40（图 2-7）的定位方案是一致的，这个观点是错误的。我的夹具定位方案（图 2-2）与 OP30（图 2-6）是一致的，但是与 OP40（图 2-7）是不一致的，对吧？"

安晓娜说："两位看来是真的看懂我画的这两张图了，也懂得长短销不同的定位作用了。那么，接下来，路路同学，你打算怎么办呢？"

路路说："根据 OP40（图 2-7）的工艺要求，我应该重新为 OP40 设计一套夹具，而现有夹具不变可以继续用于 OP30。"

路路说完之后，立刻在纸上重新画了一幅草图，用来表明对 OP40 工序新构想的夹具结构，如图 2-12 所示。

子谦说："图 2-12 中大端面相当于一个平面贴平，一次可以限制 3 个自由度，可以理解为以大端面为基准来加工小端面。巧合的是，小端面的平行度要求也是以大端面为基准的，所以这样一来，平行度超差问题

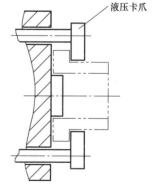

液压卡爪

图 2-12　OP40 夹具结构

就解决了。再次证明了，1.4.2 节中的结论，定位从表面上看是基准，其实是为了确保得到被控尺寸！"

2.1.3　夹紧力方向对主次定位基准的影响

安晓娜说："两位同学，你们再看一下图 2-3 和图 2-12 这两张图，除了夹具定

位结构和各定位面限制的自由度不一样之外，还有什么其他不同的地方呢？"

路路发表自己的看法："我觉得还有一个很重要的地方不同，那就是夹紧力的方向发生了变化。图 2-3 中夹紧力来自胀套的径向，所以导致工件在夹紧力的作用下是以内孔作为第一基准的；图 2-12 中夹紧力将会导致大端贴平夹具，从而导致工件限制（消除）3 个自由度，则大端面成为第一个基准。那么安晓娜主任，我们是不是可以得出一个结论：夹紧力将会影响/决定工件真正的第一基准？"

子谦说："稍等，我没完全明白这两者之间的关系，第一基准还是第二基准是由零件功能（图样）或工艺要求（工艺图）决定的，不应该由夹紧力的方向来决定呀！"

安晓娜说："说得好，我们来看一个案例，在图 2-13 中的正方体上要加工一个 $\phi(10\pm0.1)$ mm 的孔，此孔相对于基准 A、B 的位置度公差要求为 $\phi0.1$ mm，那么它的定位夹紧有两种方案。方案一，如图 2-14 所示，将工件放置于夹具 A 面上，然后沿 F_1 的方向夹紧。方案二，如图 2-15 所示，先沿夹具 B 面贴平缓缓放下，直到工件的下表面贴平夹具的 A 面，然后沿 F_2 的方向夹紧工件。"

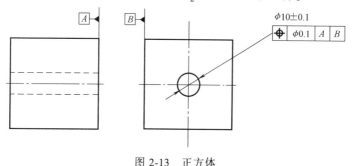

图 2-13 正方体

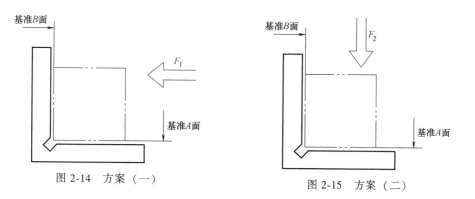

图 2-14 方案（一）

图 2-15 方案（二）

安晓娜停了一小会，等子谦和路路完全消化后说："我们来看一下，这两张图（图 2-14 和图 2-15）中的零件是一样的，对于图 2-13，图样要求是以 A 面作为第一基准，那么我的问题是：在图 2-14 和图 2-15 中，哪张图才是以 A 作为第一基准的呢？"

子谦立刻说："哦，我明白了，如果夹紧力如 F_1 所示方向，将会使零件优先以 B 基准贴平，使 B 面限制该零件的三个自由度，从而成为第一基准，改变了图样中要求的定位顺序，或者说破坏了图样要求的正确定位方式。"

安晓娜说："恭喜你们！这是夹具设计关于夹紧力设计的一个重要规则，请记住：主夹紧力的方向应指向主定位面。当然，有些老师傅会叫它支承面。"

子谦说："主定位面，支承面，那还有其他定位面吗？"

2.1.4 主定位，导向，止推面

子谦对安晓娜说："今晚'孙二娘海鲜包子店'不见不散，而且我告诉你，海挺也在。"

子谦早早来到海鲜包子店，想起路路同学今天的问题，于是打开平板电脑，开始画图。海挺和安晓娜停好车，来到桌前，大家寒暄之后坐下。海挺看到了子谦手中的图。

海挺问："你这几天又去研究工装夹具了？还把主次定位面给研究出来了。"

子谦说："这得感谢安晓娜主任，是她让我明白了这些，但是对于主定位面、导向面和止推面的详细内容及应用，还请娜姐多多指教！"

安晓娜："主定位面是指约束自由度最多的基准，也就是第一定位面，它决定着工件最重要的位置和方向；第二定位面是指约束自由度次多的表面，又称'导向面'；第三定位面是指约束一个自由度的表面，又称'止动面'。"

子谦立刻在平板电脑上写下了笔记，并习惯性地用表 2-1 把刚才的知识进行了分类。

表 2-1　定位基准的分类

定位基准	判断依据	名称
第一	约束自由度最多的表面	主定位面
第二	约束自由度次多的表面	导向面
第三	约束一个自由度的表面	止动面

海挺说："子谦，主定位面、导向面和止动面这三个词是一个通常的说法，在三个面的定位结构中常用。如果定位基准中有一个孔/轴结构，那么就稍有不同，长圆销/孔称为双导向基准，短销称为双支承定位基准。我给你出个题，如图 2-16 所示，在表 2-2 中填写相应内容。"

子谦迅速根据此结构上各基准所约束的自由度数判断出主次基准顺序（重点：根据约束自由度的数量来判断主次基准的顺序），并完

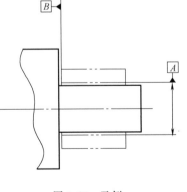

图 2-16　示例

成了表格内容，见表 2-3 所示。

表 2-2　三种基准的符号和约束自由度数

基准	符号	约束自由度	备注
主定位基准			
次定位基准			
第三定位基准			

表 2-3　主次基准的顺序

基准	符号	约束自由度	备注
主定位基准	A	4	主定位轴
次定位基准	B	1	止推面
第三定位基准			

子谦说："看来各种结构所约束的自由度都是不一样的，但只要结构一定，那么主次定位基准也就完全固定了。以后设计夹具时，直接按这个套用即可。"

说完这些后，子谦看着海挺说："海挺哥，还有其他结构吗？一次全考考我，行不？"

海挺说："你去现场找，找到后逐一绘制成结构简图，作为这段时间的作业，我下次检查。"

2.2　定位元件

2.2.1　支承钉

子谦来到现场，发现一副正在装卸工件的夹具的定位元件有些奇怪。子谦认为定位元件应该是工件的加工基准，所以无论精度还是硬度都应该满足很高的要求，但是这副夹具的支承钉表面有网纹，高低不平，如图 2-17 所示。

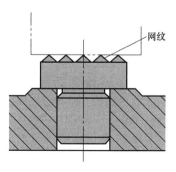

图 2-17　表面高低不平的支承钉

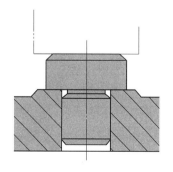

图 2-18　表面平整的支承钉

这个引起了子谦的好奇心，于是问旁边的路路同学。

路路说："当你看到工人拿的工件时，你就知道为什么了，因为这个工序是铸件的粗加工，切削量比较大，所以需要更大的夹紧力。"

子谦道："有道理，支承钉有了网纹会提供更大的摩擦力（相比表面平整的支承钉，图2-18），而且铸件表面也非常粗糙，高低不平，如果用表面平整的支承钉定位，会造成点接触而不利于夹紧。"

路路说："是的。"

2.2.2　自位支承

子谦又问："如果是大尺寸的铸件，而支承钉的面积太小，会不会出现定位强度不够，或者压溃工件的情况（工件硬度远小于支承钉）？"

路路说："当然会啦，所以多增加几个支承点（支承钉）就可以了。"

子谦听后说道"嗯，虽然增加了支承点，但是仍然是三点确定一个平面呀，接触的必然只有3个支承点。"

路路说："你听过'自位支承'定位元件吗？"

子谦答："没有，愿闻其详。"

路路指着图2-19说："当工件的左右两边不一样高时，自位支承元件的一边会先接触工件，并且在工件的重力作用下向下移动，从而导致自位支承元件的另一边向上移动，一直移动到两边同时接触到工件为止。"

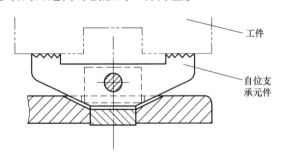

工件

自位支
承元件

图2-19　自位支承元件

子谦说："明白了。自位支承元件会在工件的安装过程中旋转，找到一个平衡位置。那么这两个接触工件的点是相互关联的，在整个零件的定位过程中只能算一个定位点，对吗？"

路路回答："是的，只能算一个定位点。"

子谦说："而且较大的铸件必然会出现翘曲变形的情况，那么这种元件能够自动旋转进而找到平衡支承点，正好解决了这个问题。厉害！"

子谦思考了一会，继续说："如果我设计一个半球的结构（图2-20），上表面给3个定位点，那么在工件重力的作用下会自动'找正'，但接触面积将会进一步增加！"

2.2.3 辅助支承

子谦在现场又发现了一个奇怪的现象，如图2-21所示，工人在液压夹头夹紧工件之后，调整图中右侧的螺栓结构。子谦正在思索这个问题时，路路说出了答案。

路路说："这个就是'辅助支承'，因为加工面离主定位面很远，在切削力的作用下容易产生挠度而使工件的加工面振动，这样会影响加工质量的。"

子谦此时终于明白了安晓娜曾说的话（除了位移和变形之外，还有振动的情况），而这个振动来源于工件结构的刚性不足。

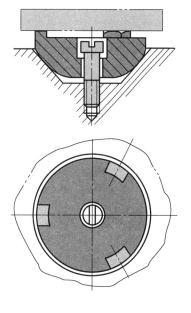

图 2-20 半球结构

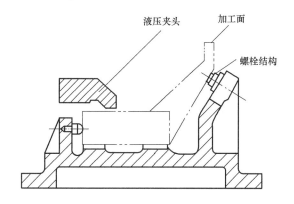

图 2-21 辅助支承

2.2.4 自锁结构的应用

子谦表达自己的疑问："但是这样每次都要调整，是不是效率太低了？"

路路说："我们有些批量大的零件会设计一个快速的结构来解决问题，如图2-22所示。未装工件时，件1（支承钉）由弹簧的弹力弹出，然后由工件的重力克服弹簧力将件1推到合适的位置，最后扳动扳手（件3）将2号件压紧件1即可。

这里的机关在件1和件2之间，它有个 α 角度的斜面，当这个斜面角度小于

10°时，可以达到自锁的目的。"

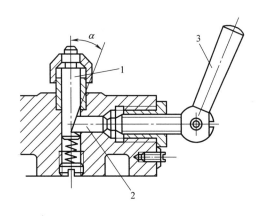

图 2-22　快速的结构

2.2.5　定位方式汇总及比较

子谦在现场对所有定位情况进行了搜寻，发现除了支承钉、自位支承和辅助支承外，还有定位板、定位轴、定位锥轴、定位销、菱形定位销、膨胀销、套筒、膨胀套筒、卡盘、双半圆和 V 形块，等等。为了方便记住它们，子谦根据自己的理解对它们进行了分类，见表 2-4。

表 2-4　定位情况的分类

序号	定位形体	小分类	定位元件形式	应用细分
1	实体平面	平面定位	平头/圆头支承 网纹支承钉 支承板	固定式
				自位式
		辅助支承		固定式
				自位式
2	实体中心	内孔	圆柱，可胀，锥面	心轴（一般主基准）
			圆柱，菱形	销（一般次基准）
		外圆	套筒，卡盘，锥套， 双半圆，V 形块	中心定位
3	燕尾导轨面			
4	渐开线齿形面			
5	中心孔			

子谦又将孔轴定位元件根据定位精度进行了细分，见表 2-5。

表 2-5　定位元件的分类

基准	工件	粗<定位精度(间隙)<精
第一基准	内孔(心轴)	圆柱<可胀<锥面
	外圆	卡盘<套筒<V形块(仅对中好),双半圆,锥套
第二基准	内孔	短圆柱< 菱形

2.3　夹紧设计

子谦将自己的总结（表2-4和表2-5）用电子邮件的方式发给了海挺。海挺的回复如下：

子谦兄弟：

来信收到。

1. 你总结的表格有一定道理，也很新颖，但是还不完善，弥补的方法需要大量的实战经验。实践是检验真理的唯一标准，为了更好地理解，去实践中进行相应的验证吧。

2. 现在对定位已经有一定的认识了，是时候去了解夹紧了。

3. 夹紧设计的目的是：确保加工过程中零件已获得的定位不被破坏（包括位移、变形和振动），从而保证加工质量。注意：当这些破坏无法完全避免时，也要控制在一定的范围（可以接受）之内。这也就是夹紧三原则：不位移、不变形、不振动。

4. 夹紧力的研究，只要是力，它就有三个特性：作用点、方向和大小。

5. 各夹紧力之间的动作顺序和大小关系的研究。

请不要小瞧了夹紧设计的难度哦！

最后，祝你好运！

海挺

子谦看完电子邮件后，思考了一会，于是就去找安晓娜求救。安晓娜同志找出自己整理的笔记，分享给了子谦。笔记上对夹紧力的作用点和方向设计技巧进行了总结，如图2-23和图2-24所示。

子谦问道："安晓娜同志，夹紧力的三要素是作用点，方向和大小，那么力的大小有没有总结资料呀？"

安晓娜说道："子谦同志，力大小的确定要根据结构的变化而变化，比较复杂，但前人总结的经验在相关夹具手册上有详细介绍。"

1. 应正对支承元件或其所形成的支承平面内。 2. 应位于工件刚性较好的部位。 3. 应尽量靠近加工面/部位，可增加辅助支承。 4. 足够的作用点面积。 5. 对称均匀分布。	1. 应正指向定位点（主定位面）。 2. 应指向工件刚性最好的方向。 3. 应尽量与切削力和重力方向一致（夹紧力产生的摩擦力方向同上一致也可） 4. 夹紧力矩与切削力矩平衡。 （夹紧力矩产生的摩擦力方向同上一致也可）
图 2-23　作用点关键选择技巧	图 2-24　方向关键选择技巧

2.3.1 夹紧力作用点设计

在安晓娜的笔记中发现了几张非常有价值的图。图 2-25 说明，当作用点选择在刚性不好的地方时，会导致工件受力后变形，如图中双点画线所示。图 2-26 说明，此工件的作用点没有与定位支承点正对齐，在受力的情况下会导致零件移动，从而破坏零件定位。

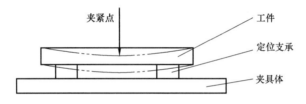

图 2-25　工件受力后变形

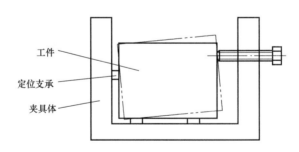

图 2-26　工件受力后移动

关于夹紧作用点对称均匀这一点，子谦立刻想到了管状工件，如图 1-21 所示，在本书第 1.5.2 节中讨论过。

2.3.2 夹紧力方向设计

子谦接下来开始研究夹紧力"方向关键选择技巧"表格，很快发现了一个问题，其中的第一点与"作用点关键选择技巧"的第一条有相同的含义，如图 2-27 所示。

作用点选择关键技巧	方向选择关键技巧
1.应正对支承元件或其所形成的支承平面内。	1.应正指向定位点(主定位面)。
2.应位于工件刚性较好的部位。	2.应指向工件刚性最好的方向。

图 2-27　作用点与方向选择关键技巧比较

作用点正对支承面（图 2-28），也就是意味着方向指向支承平面。

正在思索中的子谦看见窗外的一个员工正在用撬棒撬动工件（图 2-29），非常艰难，无论他怎么用力，工件也纹丝不动。无奈之下，他只好用脚踩在工作台侧边，用力向身后拉撬棒，此时工件立刻被撬动，而且很轻松（图 2-30）。

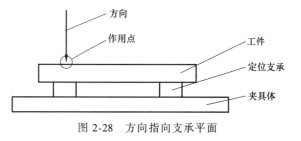

图 2-28　方向指向支承平面

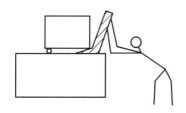

图 2-29　用撬棒撬动工件（一）

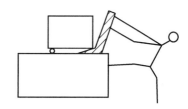

图 2-30　用撬棒撬动工件（二）

子谦立刻思索起来，似乎这与力的要素是相关的，于是画出图 2-31 和图 2-32。

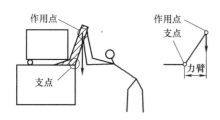

图 2-31　受力图（一）

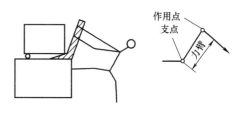

图 2-32　受力图（二）

对比图 2-31 和图 2-32 后，子谦立刻就发现了其中的奥妙。在力的作用点都是一样的情况下，如果力的方向发生变化，则力臂就会改变，从而导致夹紧的效果改变，所以就会出现图 2-33 所示的情况，方向 1 和方向 2 的夹紧效果不同，于是很好地理解了图 2-27 中第一点和第二点的区别。

子谦继续浏览着安晓娜的笔记，还有些具体的夹紧案例设计过程。子谦看完后产生了一个疑惑：力的三要素和夹紧三原则之间是否有什么关联呢？他尝试着整理了一个表格见表 2-6。

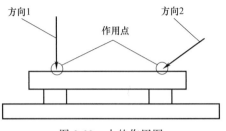

图 2-33　力的作用图

表 2-6　力的三要素和夹紧三原则的关联

	大小	方向	作用点
不移动	1）压紧力/力矩＞切削力 2）压紧摩擦力/力矩＞切削力	正指向定位面	正对定位元件
不变形	1）精加工力减小 2）减小切削力（切削量/切削速度）	刚性大的结构	1）多作用点 2）圆周代替点
不振动	压紧力/力矩＞切削分力	1）正对切削力 2）压紧摩擦力/力矩与切削力一致	靠近加工部位

2.4　定位误差分析

2.4.1　定位误差分类

安晓娜看了子谦绘制的表 2-6 后，说："看你这么认真，想学夹具设计，我把我的私人珍藏借给你看几天吧，《机床夹具设计实用手册》（作者：吴拓）（下文简称为《手册》）。

"根据你目前的知识结构情况，应该了解定位误差分析了。我们一般将定位误差分为两类：第一类为基准移动误差；第二类为基准不重合误差。"

2.4.2　基准移动误差

安晓娜说："第一类基准移动误差的符号我喜欢记为 ΔY，它是由定位元件和工件定位基准面之间的制造误差及间隙决定的。

例如，夹具的定位元件是定位销，工件自然是内孔与其配合，则定位元件和工件内孔之间有间隙（这个间隙是零件不可避免的制造公差），但是这个间隙会让零件产生移动，而影响产品相对于夹具的位置，也就是产品相对于机床（刀具的加工位置）的位置发生了移动，从而导致工件的加工误差。

这种误差出现的主要方式是用实体尺寸（中心要素）定位基准，如果是实体表面要素，误差不会出现。"

子谦说："这像装配尺寸链中的一个概念——基准偏移。我来举个例子。如图 2-34 所示，假设工件的内孔孔径为 $\phi15$mm，定位销外径为 $\phi11$mm，工件与定位销之间单边有 2mm 的间隙，这个间隙会导致零件左右移动，从而形成两种极端情况。

如图 2-35 中左图所示，工件向左偏移 2mm，右图为在此情况下加工出来的实际零件情况，槽的中心就会相对于工件中心向右偏移 2mm。

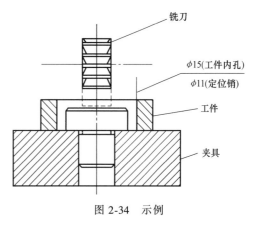

图 2-34 示例

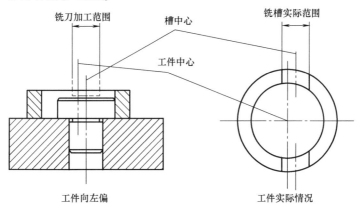

图 2-35 工件左移 2mm

另一种极端情况如图 2-36 所示，因此 $\Delta Y = \pm2$mm。计算方法也很简单，孔的最大值减去轴的最小值然后取一半。"

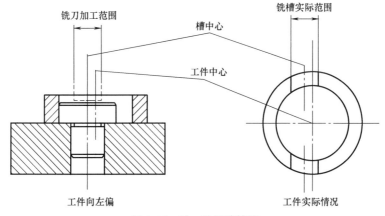

图 2-36 另一种极端情况

2.4.3　基准不重合误差

安晓娜说：“是的，你举的例子正好说明第一类误差。我们现在讲第二类——基准不重合误差，我喜欢记为 ΔB。我相信你一定知道工序之间存在加工定位基准变化的情况，对吗？”

子谦说：“对，加工基准变化是要计算尺寸链的。”

安晓娜说：“是的，你说得很对。当我们设计的夹具定位基准没有办法与工序所要求的基准统一时，也会出现类似算尺寸链的现象。”

子谦说道：“噢，说来听听。”

安晓娜说：“看这张图（图 2-37），加工时圆柱的底边贴平机床工作台，即定位基准是底边。零件的控制尺寸是（20±0.1）mm，测量基准是圆柱的中心，所以导致定位基准和测量基准不统一，换而言之，当圆柱的直径每增加 1mm 时会导致测量基准向上移动 0.5mm，误差值恰好是直径变化值的一半：$\Delta B = \Delta \phi D / 2$。”

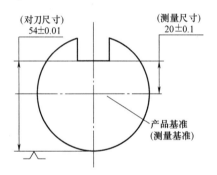

图 2-37　示例（一）

子谦说：“我明白了，我来举个例子。如图 2-38 所示，加工时圆柱的内孔用膨胀销定位（膨胀销的目的是消除基准移动误差），即定位基准是圆柱内孔，零件控制的尺寸（64±0.1）mm 的测量基准是圆柱的底边，导致定位基准和测量基准不统一。换而言之，当圆柱的直径每增加 1mm 时会导致测量基准向下移动 0.5mm，误

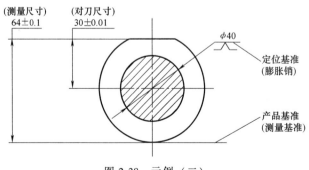

图 2-38　示例（二）

差值恰好是直径变化值的一半：$\Delta B = \Delta \phi D / 2$。"

安晓娜称赞道："很好，看来你已经掌握了定位误差分析和校核的知识了。"

2.4.4　第二次亲密接触夹具——基准不重合误差的案例

子谦来到水箱壳体车间，漫天的焊接火花四处飞溅，虽然隔着玻璃和安全网，但还是有点让人胆战心惊，担心生命力旺盛的火花像流星一样飞向自己。前面不远处，新来的工程师刘闯正绕着一套新的焊接夹具转圈，子谦判断他遇到难题了。原来，刘闯设计的这个新工装很不稳定，一直需要不断调整。于是，对夹具知识"半桶水"的子谦开始和刘闯讨论起来。此壳体图样如图 2-39 所示，其关键尺寸为出水管的上边缘位置。3 个子零件图分别如图 2-40、图 2-41、图 2-42 所示。

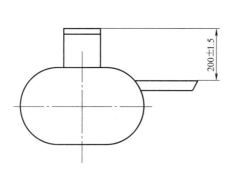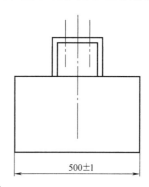

图 2-39　壳体图样

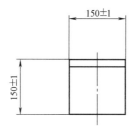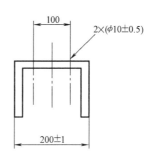

图 2-40　子零件图（一）

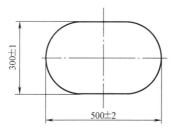

图 2-41　子零件图（二）

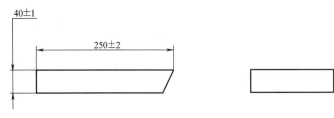

图 2-42 子零件图（三）

焊接时，工件的定位夹紧情况如图 2-43 所示。

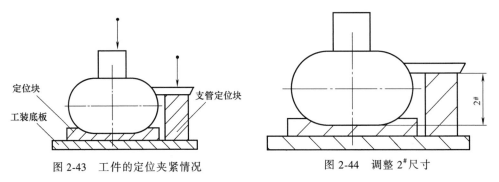

图 2-43 工件的定位夹紧情况　　　　　　　图 2-44 调整 2# 尺寸

刘闯同志抱怨关键尺寸（200±1.5）mm 一直变化，但有个规律，同一批工件之间比较稳定，当工件批次切换时，往往是产生超差工件的断点。所以刘闯同志一直在反复调整工装上 2#（图 2-44）尺寸的值。

子谦看了看子零件图 2-40～图 2-42，又看了看图 2-43，突然灵光一闪，发现一个似曾相识的问题。虽然这个工艺是焊接工艺，但可以把这 3 个工件再加上焊接工装理解成对 4 个工件进行装配，所以关键尺寸（200±1.5）mm 是一个封闭环。想到这里，子谦立刻在图 2-45 中尝试性地画出尺寸链图。

经过表 2-7 计算后发现，封闭环 X 的值是（200±3.1）mm，而总成要求是

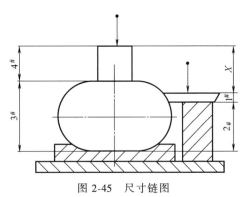

图 2-45 尺寸链图

（200±1.5）mm。分析到这里，子谦终于理解为什么刘闯一直在调整工装上的 2# 尺寸了，于是看着刘闯说："我知道为什么了，我告诉你为什么，怎么样？"

刘闯疑问道："你还没接触过焊接工艺，能搞定吗？你先说说吧！"

于是，子谦就给刘闯解释了一下这套工装的定位方式，并说明了关键尺寸（200±1.5）mm 在工装上是个封闭环，而封闭环的公差是各组成环的公差之和，不巧的是目前的定位方式使得 3 个工件本身的公差都成为尺寸链的组成环，所以当零

件批次更换时，就会出现批量不良，而同一批次工件之间的稳定性很高的情况。

表2-7 尺寸链计算 （单位：mm）

环编号	环内容	增环	减环	误差范围
1	支管厚度		40	±1
2	工装尺寸		210	±0.1
3	主管厚度	300		±1
4	支架高度	150		±1
封闭环	槽深	200		±3.1

刘闯听完后高兴地说道："你真厉害，这么快就被你发现了，今晚我请客。"

子谦说："行，今晚我还给你介绍一位大师傅。"

练 习 题

2-1 请简述一面两销的过定位消除方法。

2-2 夹具是否要限制工件的6个自由度？

2-3 连线题：在图2-46所示的定位元件与对应的应用情况之间连一条线。

2-4 图2-47所示辅助支承的常用自锁角度是多少？

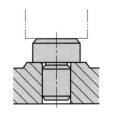 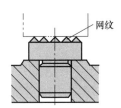 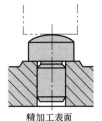

工件为毛坯表面　　工件表面需要和前序基准进行角度补偿　　精加工表面

图2-46 题2-3图

2-5 什么情况下锥度心轴需要分成多根？

2-6 定位误差有哪几种类型？

2-7 请简述夹紧力在粗加工和精加工时的区别以及原因。

2-8 请简述夹紧力的三要素。

2-9 请简要谈谈，当存在多个夹紧力时，夹紧动作的设计要点。

2-10 请简述夹紧力的作用点设计原则。

2-11 请简述夹紧力的方向设计原则。

2-12 图2-48所示长轴控制的自由度是什么？

2-13 图2-49所示短轴控制的自由度是什么？

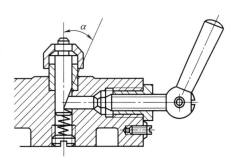

图2-47 题2-4图

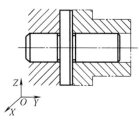

图 2-48 题 2-12 图

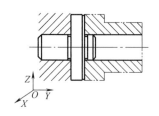

图 2-49 题 2-13 图

2-14 如图 2-50 所示，1、2、3 点在底边，4、5 点在侧边，6 点在侧边。请简述自由度的控制情况。

2-15 如图 2-51 所示，1、2 两板在底边，3 板在侧边。请简述自由度的控制情况。

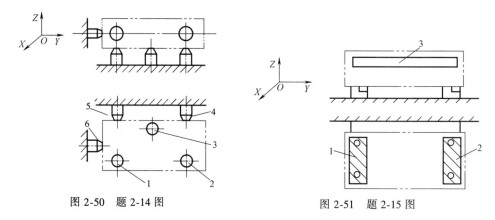

图 2-50 题 2-14 图

图 2-51 题 2-15 图

2-16 如图 2-52 所示，其中左图锥销固定不动，右图锥销可以上下移动。请问其自由度的控制情况有哪些不同点？

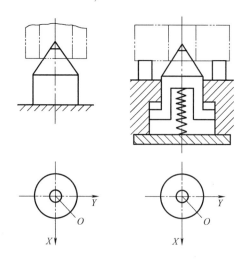

图 2-52 题 2-16 图

第3章

夹具的开发流程

3.1 夹具设计工作的逻辑顺序

刘闯、海挺、子谦一行三人入店坐定，"店小二"奉上免费的武二英雄大麦茶，酒菜照旧依样走着。两杯"烧刀子"下肚，子谦顿感江湖豪气十足，得意地道出今日之事，自觉技高一筹，一眼识别问题之症结。本想讨海挺之夸赞，不料海挺端到嘴边的酒杯一顿，问道："事已至此，汝等何以应对？"

刘闯、子谦默然，心想：难不成要反复调整工装？

海挺问："此项目量产乎？"

刘闯答道："未曾量产，尚有两个月之期限。"

海挺接着问："谁人设计此工装？"

刘闯听后答道："吾司素来工装外包，由供方设计并制造。"

海挺说："此事不难，否定工装现有方案，重新设计，吾可做汝等后盾，从旁评审。"

子谦道："对呀，我只是找到尺寸超差的原因，但没有去想解决办法，而关键是这套工装的方案有问题，所以我们要从修改方案改起。但我还有一个问题，我们是发现这个问题才去改工装的，会不会其他尺寸也会出问题，或者改完工装后又出现新问题呢？"

海挺说："你是想问如何系统性、规范性地设计工装夹具，也就是夹具的开发步骤和流程吧？"

子谦道："果然是高手，说话从来都言简意赅！"

3.1.1 如何看待工艺与夹具之间的关系

海挺看看大家说："你们要想弄清楚夹具的开发步骤，就必须先厘清以下两个关键问题。第一个，如何看待工艺？"

刘闯说："我来说说我的观点。工艺是指劳动者利用各种生产工具对原材料、半成品进行加工或处理，最终使之成为成品的一系列方法和过程。"

海挺听后点头道："讲得很仔细，我们假设某机加工件的工艺过程，由 OP05，OP10，OP15，OP20 四道工序组成，见表 3-1。那么每一道工序都有各自的要求，主要指它们的技术指标，也就是质量和尺寸公差要求，如表中第二行所示。第三行记录了对应工序所需的设备和夹具。这就是刘闯所说的一系列方法和过程。这些信息大家都是知道的。但我想问的是第二行中每一道工序的尺寸公差要求来自哪里？"

表 3-1　某机工件的工艺过程

	OP05	OP10	OP15	OP20
工序要求 （技术指标）	① 质量要求 ② 尺寸要求 ③ ……	① 质量要求 ② 尺寸要求 ③ ……	① 质量要求 ② 尺寸要求 ③ ……	① 质量要求 ② 尺寸要求 ③ ……
设备/夹具	车床 1 夹具 J-001	铣床 3 夹具 J-003	车床 6 夹具 J-007	磨床 8 夹具 J-013

子谦说："工艺的最终目的是使原材料成为成品，那么工艺过程可以理解成使原材料满足成品（图样）的各项质量要求的过程，包括尺寸及公差。所以，每一道工序的尺寸公差要求的来源可以理解为图样标注的尺寸和公差。"

海挺道："嗯，回答得很好，只是还有一个重要的来源被忽视了。由于有些图样要求的尺寸不是在同一道工序中加工出来的，因此就可能出现定位基准变换和公差叠加的情况。"

刘闯问："海挺兄，能举个例子吗？"

海挺说："就拿你的水箱焊接工艺来说，我们暂时把它理解为一个工序，那么图 2-45 中封闭环 X 的值就是由图中 1#、2#、3#、4# 这四个尺寸组合而来的。其中，2# 尺寸为工装本身的公差，而 1#、3#、4# 尺寸的公差来源于工件的生产工艺过程。也就是说，X 这个尺寸和公差受到焊接及 3 个子工件工序的影响。"

子谦和刘闯点头表示理解。

海挺说："我们再向前走一步，假设在不考虑其他尺寸的情况下，只为保证 X（200±1.5）mm 这个尺寸，可以用下面这个简单的办法来解决问题。首先，把零件倒过来放置到新工装上，新工装的定位基准如图 3-1 所示。"

子谦和刘闯异口同声道："对呀，如果夹具的定位变成这样，我们关心的尺寸 200mm 精度立刻提高，直接由夹具上定位块之间的公差来决定了。"

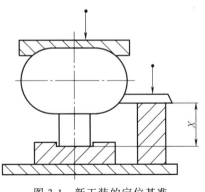

图 3-1　新工装的定位基准

海挺提醒道："今天讨论的这种情况是可以通过夹具设计来避免基准变换进而消除公差叠加的现象的，但是还会有一些工序是无法避免基准变换的，那个时候还是要像图 2-45 中一样计算尺寸链。"

子谦说："对呀，这就是基准不重合误差，安晓娜教过我的。"

海挺喝了一杯酒后，又说道："现在谈完了表 3-1 的内容，我们达成两点共识，总结如下：第一，工艺是为了满足图样要求；第二，工序之间的基准（定位基准）一旦发生变换就要计算尺寸链。那么第二个关键问题来了：请问夹具上的定位基准由什么决定？"

3.1.2　工艺要求决定夹具方案

子谦说："海挺兄，在本书的第 1.4.2 节"定位与被控尺寸的关系"中讨论 1mm 桂花糕现切机时，已经向您汇报过了。其实，定位真正的目的是确保产品的关键加工尺寸，所以定位基准就是图样上的装配基准。"

海挺打断自信的子谦说："如果这里没有影响，就无须讨论表 3-1 了。如果由于产品结构复杂及机床加工能力限制，从 OP05 到 OP20 四道工序之间就无法做工艺定位基准的统一，或无法与图样基准（装配基准）统一。"

子谦如梦初醒般地叫道："啊，对，对，工艺是为了满足图样，一旦受工艺方案的限制，就会造成工序基准与产品基准不统一，所以就有了另外一条总结：夹具是为了满足工艺或者工序要求。"

3.1.3　夹具方案设计的三大基石

刘闯说："我们可以这样说吗？根据表 3-1 和水箱的讨论得出三点共识：第一，工艺是为了满足产品图样要求；第二，夹具是为了满足工艺/工序的要求；第三，工序间，工艺与图样间的基准一旦不重合，就会涉及尺寸链的计算。"海挺默许，心中暗喜，此二人孺子可教。

3.1.4　浅谈夹具设计的工作步骤

海挺说："讲到这里，思路上的障碍已经完全清除，可以讲夹具的开发步骤了，见表 3-2。"

表 3-2　夹具的开发步骤

No.	流程	具体内容
1	夹具策划及准备	
2	夹具方案/评审	
3	设计和制造	
4	安装和验收	

海挺正在绘制表 3-2 时，电话响起，原来是哲波师父来无锡了。于是他们决定叫上安晓娜一同去哲波师父的酒店。

3.2 夹具开发管理流程

大家寒暄后，安晓娜说："一直听子谦说哲波师父和海挺兄对工艺及夹具很有经验，所以今天有个问题想请教一下。"

海挺说："客气了，有我们的师父在，就没有难题呀！"

安晓娜说："我们夹具的开发流程，基本都是先研究本工序的工艺技术要求，第二步提出夹具方案并评审，然后出图和验证。那么我的苦恼是新来的或经验不足的夹具工程师经常在第二步犯错，不是忘了考虑尺寸要求，就是忘了机床的连接方式，或者夹紧力方向错误。我没有足够的时间对每个夹具项目都逐一仔细核对，所以我想问的是有没有比较好的方法培训这些新人，让他们快速成长，能用系统的思维面对夹具设计。"

海挺说："我也有这样的困惑，我自己设计夹具没问题，但是现在做管理，我有十几个下属，除了夹具之外还有工艺工作，如果只靠我一个人来监督所有人的夹具图，那么必定会有疏忽的地方呀。"

3.2.1 从夹具设计个人经验到夹具设计管理流程

哲波师父说："这是一个好问题，我之前在企业时还没有意识到，现在回大学授课的这几年我不断地思考这个问题，也走访了很多大中型国内企业和国外企业，让我有了这样一个感悟：在国内企业中，技术管理工作很大程度上依靠主管的个人经验。其优点是解决问题时短平快，缺点是对管理人员要求很高，项目多或者遇到大项目时分身乏术。一些先进企业的技术管理工作的思路是，用制度和流程分解技术工作。举个例子，汽车行业的工艺工程师工作是这样进行的：首先编定 PFD，也就是产品的工艺流程图，第二步是 PFMEA 分析，对工艺过程进行潜在失效模式分析；第三步，根据 PFMEA 的结果，制定 Control Plan（生产过程的控制检查计划表），见如表 3-3。"

表 3-3　生产过程的控制检查计划表

PFD	PFMEA	Control Plan
OP10 要求:尺寸 1→	→风险点 1 →风险点 2 →风险……	→检查点 1 →检查点 2 →检查点 3 →检查点 4
尺寸 2……		
OP20 OP30		

"我们在 PFD 中提到一个要求，比如尺寸 1，记住这是我们的要求，然后分析 （FMEA）可能失效的风险点（有时对应多个风险点），为了防止这些风险点失效，要在 Control Plan 中对它进行检查监控，那么我们反过来看，检查点是为了防止风险点失效，如果避免或控制了所有的失效，则尺寸（即产品要求）就得以保障了，对吗？

这三个工具展示了如何管理技术工作的逻辑关系，同时也展示了两个关键点，其中第一点是表达或者梳理出要求，第二点是系统性的体现。"

海挺说："可以这么理解吗？这种分解方法使得技术工作分段进行，将一些隐性的分析过程显性化。优点是，大家达成共识后各司其职，使每个人的工作变得简单，而且有疏漏时容易查找，从而使疏漏减少。缺点是，我们要花大量的时间来细分工作步骤，并界定每一步骤作业的要求和规则，由于这一切是人为来细分和界定的，因此新人就必须要花时间来学习这套方法，然后才能上岗。"

哲波师父说："你总结得没错，优点和缺点都很准确。同时，我们应该找到这种方法背后的东西，我称之为需求导向法则：明确要求，风险分析，风险控制与管理（行动计划）。从 PFD 到 FMEA 再到 Control Plan，这个工作流程中传递出来一个重要的主线。该主线就是'要求'。PFD 疏理'要求'（产品质量属性），FMEA 分析不满足要求的可能'风险'，而 Control Plan 也就是根据'要求'而对过程进行'风险'控制的具体行动计划。所以现在就很简单了，我们把'需求导向法则'的技巧用在夹具设计上即可。"

安晓娜说："那就是有好消息了，快说来听听。"

哲波师父说："不急，我们从一个问题开始。你们几位认为在夹具设计开发前有哪些信息是必须准备的？"

3.2.2 夹具要求说明书的三个清楚

子谦说："师父，我先说说吧。首先应该知道主定位面，导向面及次定位面，还有夹紧力的方向也重要。"

哲波师父说："是的，第一条，工件的定位方式和夹紧方式。"

哲波师父一边说，一边在纸上画了一张表（见表 3-4）。

海挺补充道："被加工部位，这个不仅与加工走刀相关，与夹具布置也相关。"

哲波师父说："好的，这就是我们最重要的要求，称之为'三个清楚'。"

表 3-4 夹具要求说明书 1

《 》	
三个清楚 1. 定位/夹紧 2. 加工内容 3. 加工程度	

3.2.3 夹具要求说明书的三部分要求

哲波师父："还有呢?"

哲波师父记下大家的要求并精练整理,见表3-5。

表3-5 夹具要求说明书2

《_____》	
三个清楚 1. 定位/夹紧 2. 加工内容 3. 加工程度	加工工况信息 1. 机床型号 2. 连接方式 3. 夹紧动力源 4. 工作参数(切削力等) 5. 批量 工序管理信息 1. 工序号,夹具号等

哲波师父说:"三位,这就是我要分享的新方法,它是一份文件,它完整系统地表达了工艺要求及工况条件,我们可以称它为'夹具开发工艺要求及工况条件说明书',简称'夹具要求说明书'。它分为三个部分:

第一部分是'三个清楚',这是核心;第二部分是'加工工况信息',从这里可以看到如果是车床,那么我们要考虑配重,如果有液压动力源,那么我们要设计液压缸,等等;第三部分是'工序管理信息',这是根据企业要求来的,记录产品名、工艺中的哪个工序、夹具号等,可以方便夹具使用和管理部门的日常工作。"

子谦立刻说:"师父,我知道了,我们在开发夹具前也要做一个文件,作用同PFD,梳理清楚我们对这套夹具的'要求',关键是'要求',对吗?"

哲波师父问:"还看到了什么?"

子谦说:"做一件事要清楚:

1. 任务是什么?→三个清楚之加工内容。

2. 标准——干到什么程度?→三个清楚之加工程度。

3. 条件/资源——在什么情况下干?→加工工况信息。

4. 方法——怎么干?→三个清楚之定位/夹紧。

"齐全啦。就连夹具的管理工作也有了,太好了!"

哲波师父:"同志们,发现核心了吗?是'要求'要表达。记住流程了吗?先细分工作流程,然后把工作的'核心要求'分配在合适的位置,让它完美发挥和满足。"

子谦问道:"师父,那第二、三步,风险分析和行动计划的具体方法呢?"

3.2.4 夹具开发管理流程雏形

哲波师父说:"第二步,我们用夹具方案草图,而不是夹具总装配图,但是要传递清楚'夹具要求说明书'中的所有要求，并对方案草图中的关键信息（定位和夹紧具体方案等）进行风险分析，可以理解为设计说明书的一个部分。第三步，根据夹具方案图和要求说明书，设计夹具总装配图和零件图，清晰地表达技术要求，注意夹具制造过程中为了提高精度，经常会有调整、修配和就地加工的情况，这些控制点都要表达清楚。"

于是子谦在表3-6中增加了相应的内容。

表3-6　夹具的开发管理流程

No.	流程	具体内容	备注
1	夹具策划及准备	夹具要求说明书	表达要求
2	夹具方案设计及评审	夹具方案图、夹具方案风险分析清单	风险分析
3	设计和制造	总装图、零件图、设计说明书	关键细节和控制点
4	安装和验收	零件及总成检测报告、过程能力报告	

练 习 题

3-1 设计夹具上的工件定位基准时，应考虑与什么保持一致？

3-2 当工序基准和夹具基准不统一时，怎样解决？

3-3 请简要谈谈夹具要求说明书的内容。

3-4 请简述夹具要求说明书的全称。

3-5 请简要谈谈，怎样评估供应商的夹具开发能力。

3-6 本章哲波师父介绍了一套夹具开发流程，请谈谈这套流程的最核心思想。

3-7 哲波师父的夹具开发流程是怎样做到积累夹具开发技术经验的？

第4章

夹具的策划和准备

子谦跟着哲波师父来到无锡斯道兹量仪有限公司，这是哲波老师的另一位徒弟胡东来（斯道兹创始人）创办的。

胡东来问候道："师父，好久不见！这位是子谦师弟吧？"

哲波师父说："是的，今天带他来认识下，同时也来你这里学习一下！"

胡东来说："好的，我先带你们看下刚刚扩建的数显气动量仪生产线吧，目前市场需求一直在稳步提升中。"

大家来到生产线边。

胡东来说："这套量仪的原理还是流体力学。我们掌握了一种高精度传感器和一套集成了严密数据采集分析能力的芯片，使得它能获得很高的分辨率和精度，线性也非常好。"

子谦问："精度有多高呀？"

胡东来说："0.0005mm。"

子谦接着问："这套产品的技术全是自己的吗？"

胡东来答道："是的，电路逻辑和主板都是我们设计和制造的，电子元器件分包给电子厂家，这样更专业，成本也低。机械零部件更不用说，是由我们机加工两个车间完成的。我们机械设计部门的能力还是很强的，可以承接各种检具、工装夹具的设计任务。"

子谦说："关于夹具，我正在学习中，一直想彻底掌握夹具的设计技能，而且要实战的技能。"

4.1　夹具设计之学习思路

胡东来说："要想掌握夹具设计技能，那么第一步要完全吃透定位原理、夹紧原理和定位精度校核这三个方面；第二步，从实践中，也就是具体的夹具设计过程中学会或体会夹具设计思路，即夹具开发流程，这样才能掌握关键信息的采集点和设计要点，以及五大元件的特性和要求；第三步，现代机床技术升级很快，不断

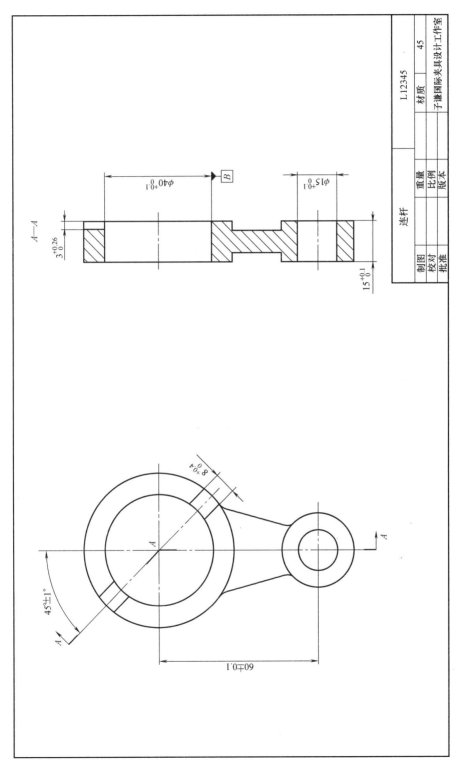

图 4-1 连杆

有新技术应用产生，所以还要注意将产品要求和机床新技术动态结合起来呀！当然，当你掌握了前两步时，你已经可以独立做夹具设计了。"

子谦惊喜道："嗯，我的一个兄弟海挺，他讲的和你讲的非常接近哦。"

胡东来哈哈大笑道："海挺我认识，而且我和他有共同的一位师父——哲波师父，你认识吗？"

子谦说："是的，我忘记我们三人是同门师兄弟了！"

子谦接着说："东来兄，第一步中定位原理和夹紧原理我已掌握，但定位精度校核只是稍有了解，第二步夹具开发流程正在学习中，还整理了笔记。这是我的现状。"

哲波师父说："东来，子谦的悟性比较高，精度校核对他来说不是大问题，你给他安排个简单的夹具任务，从具体的设计中去学，应该很快能上手。"

胡东来说："好的，我让夹具设计组给你个小夹具练一练。"

4.2 收集夹具设计的准备资料

子谦分配到一个铣床工位的夹具。工件（图 4-1）是一个连杆，加工工序是最后一道工序 OP50。该工序的加工任务是在铣床上切割大圆环端面的两个槽，在OP50 工序之前除了 8mm 的两个槽之外所有尺寸均已加工完成（1. 为了方便习惯用线性尺寸公差的读者，该图样采用线性标注；2. 本书的关注点为夹具知识，所以图样上的粗糙度等其他要求将不体现）。

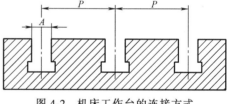

图 4-2　机床工作台的连接方式

子谦开始制定了一个表格（表 4-1），并按表格收集相关资料和信息，比如机床的类型与工作台的连接方式（图 4-2）等。

表 4-1　连杆加工信息

No.	内容/文件名	备注
1	产品图样	图 4-1
2	OP50 工艺卡	图 4-3
3	机床工作台的连接方式	图 4-2
4	机床夹紧动力源的类型	—
5	工艺计算文件:最大切削力等	—
6	《机床夹具设计实用手册》(作者:吴拓)	—
7	……	—

工艺卡	零件号	零件名称	材料	工序名称	设备名称	设备编号	工艺版本		工序号		OP50
	L12345	连杆	45	铣槽	立式铣床	ZQ-010	1.0				
							工步号		工步内容		
							05		铣2个宽$8^{+0.4}_{\ 0}$mm的槽		

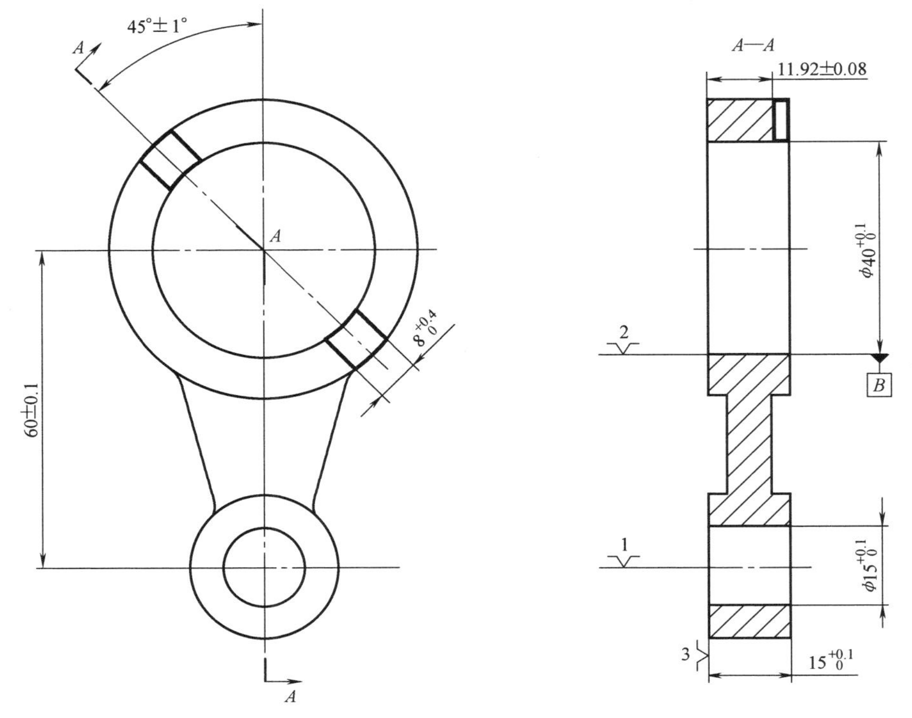

11.92 ± 0.08

$A{-}A$

$\phi40^{+0.1}_{\ 0}$

B

$\phi15^{+0.1}_{\ 0}$

$15^{+0.1}_{\ 0}$

$8^{+0.4}_{\ 0}$

$45°\pm1°$

60 ± 0.1

A

A

图 4-3 工艺卡

4.3　编制夹具要求说明书

4.3.1　第三次亲密接触夹具——夹具要求说明书

子谦根据收集到的资料开始绘制人生的第一张夹具要求说明书。他首先找来一张夹具要求说明书的模板（图4-4），然后填入收集到的信息，如图4-5所示。

完成图4-5后，子谦检查了一遍，发现工件无夹紧要求。子谦知道夹紧的思路很重要，因为路路同学的套筒类零件（本书2.3节）正是因为夹紧力设计出错而导致超差的，所以子谦根据上次的教训而将夹紧力的方向选择在正对定位面上，如图4-6所示。

子谦完成图4-6后，自以为完成了夹具要求说明书，同时还认为夹具要求说明书就是夹具的设计方案，于是去找胡东来，准备开始进行方案评审。

子谦说："东来兄，我完成了夹具要求说明书，帮我看看。"

胡东来说："兄弟，你很厉害，无师自通地做夹具要求说明书。嗯，工件的放置方向与机床加工时一致，这个很好，而且已经表达清楚了这个夹具的定位和夹紧思路，不错。记录了切削力、机床夹紧方式等。厉害了，我的师弟。"

子谦说："东来兄，我们开始进行方案评审吧。"

胡东来诧异道："什么方案评审？你拿的是夹具要求说明书，而不是夹具方案图哦。"

子谦不好意思了，说道："东来兄，请指教。"

胡东来说："首先，我们谈一谈这张夹具要求说明书的问题。目前这份夹具要求说明书没有完全做好，比如：定位夹紧装置尽量用附表F-4'定位夹紧常用装置符号'中的简化符号表示。然后，我们谈一谈夹具的开发流程问题：

第一步，夹具的策划和准备：其目的是为夹具方案设计提供准确的输入。夹具要求说明书是其中一项非常重要的输出文件，它清晰地描述了工艺和设备对夹具的要求。当然还包括产品图样，工艺卡片等其他资料。

第二步，夹具方案的设计及评审：其目的是设计夹具的具体方案，并对具体方案进行定位误差分析和对产品质量要求实现手段进行分析等。同时需要评估小组对这些资料进行评审。输出资料有夹具方案图、夹具方案失效分析清单及附属文件等。

所以，我们现在才进行到第一步。"

子谦说："好的，我去补充资料。"

胡东来说："虽然你的资料不全，也不规范，但关键的知识和技能都已体现。为了节约时间，你就拿着其他工程师做好的资料（图4-7）继续进行吧。"

夹具要求说明书	零件号	零件名称	材料	对应工序名称/工序号/版本
夹具开发工艺要求及工况条件说明书				

夹具名称	
夹具编号	
机床名/号	
机床与夹具的连接方式:	
机床夹紧动力源: ☐ 气动 ☐ 液压 ☐ 电磁 ☐ 无	
其他要求:	

图 4-4 夹具要求说明书（空）

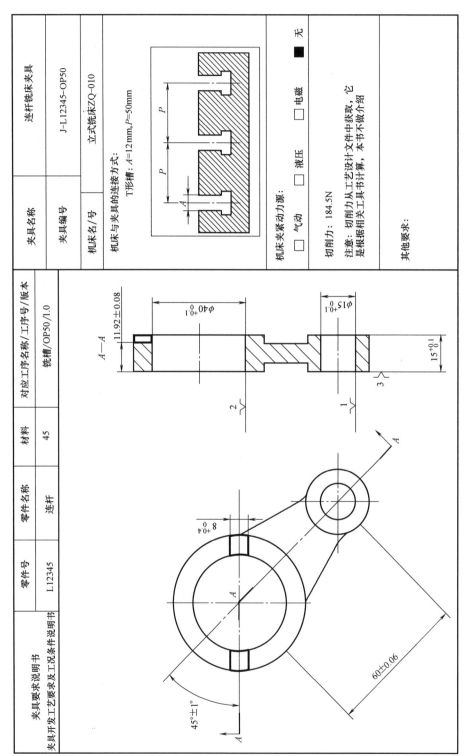

夹具要求说明书	零件号	零件名称	材料	对应工序名称/工序号/版本	夹具名称	连杆铣床夹具
夹具开发工艺要求及工况条件说明书	L12345	连杆	45	铣槽 OP50/1.0	夹具编号	J-L12345-OP50

机床名/号：立式铣床ZQ-010

机床与夹具的连接方式：

T形槽：$A=12\text{mm}$，$P=50\text{mm}$

机床夹紧动力源：□气动 □液压 □电磁 ■无

切削力：184.5N

注意：切削力从工艺设计文件中获取，它是根据相关工具书计算，本书不做介绍

其他要求：

图 4-5 夹具要求说明书（一）

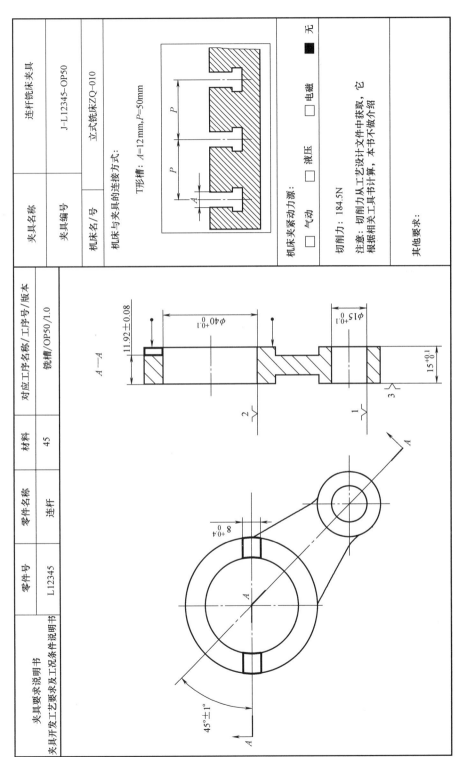

夹具要求说明书	零件号	零件名称	材料	对应工序名称/工序号/版本		夹具名称	连杆铣床夹具
夹具开发工艺要求及工况条件说明书	L12345	连杆	45	铣槽/OP50/1.0		夹具编号	J-L12345-OP50
						机床名/号	立式铣床ZQ-010

机床与夹具的连接方式：

T形槽：A=12mm，P=50mm

机床夹紧动力源：□ 气动　□ 液压　□ 电磁　■ 无

切削力：184.5N

注意：切削力从工艺设计文件中获取，它
根据相关工具计算，本书不做介绍

其他要求：

图4-6　夹具要求说明书（二）

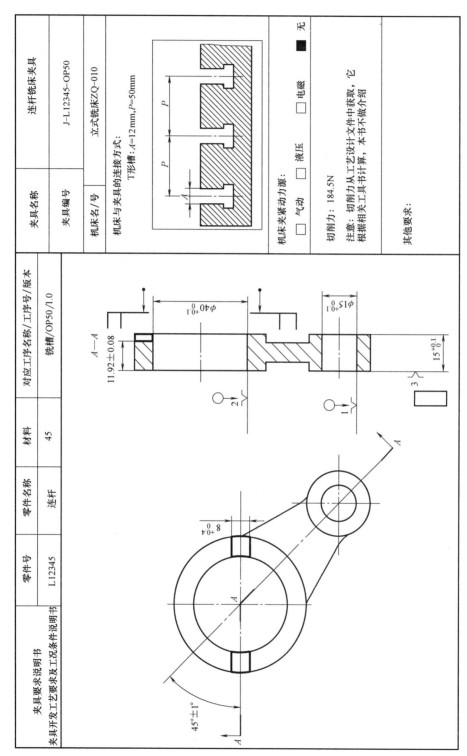

图 4-7 夹具要求说明书（三）

4.3.2　夹具要求说明书样板

子谦接过已完成的夹具要求说明书（图4-7），发现其中的确多出了很多符号。于是，子谦结合附表F-4"定位夹紧常用装置符号"和自己的思路来逐一比较。

首先，从定位基准开始。夹具要求说明书中第一定位基准延长线上增加了一个方框符号 ▭ ，代表的是大平面贴平，目的是用一个面控制3个自由度；第二定位基准延长线上增加了一个"⌽"符号，同时要求控制2个自由度，所以这个符号表示用短圆柱销；第三定位基准延长线上也增加了一个"⌽"符号，但是要求控制1个自由度，则立刻可以想到用菱形销。

其次，研究夹紧方式，在左视图中，符号 ⌐｜ 表示压板，而夹紧的位置可以看出有2处，在主视图中用2个"◄—•"符号指出。

子谦说："嗯，这样定位基准、定位方式、夹紧方向和夹紧点在图上清晰地表达出来了，可以给下一步工作带来明确的方向指引。"

胡东来说："好吧，拿着这份夹具要求说明书，我再给你一个夹具方案草图的模板，尝试去开发夹具方案草图吧，等你好消息。"

第5章

夹具方案设计及评审

5.1　第四次亲密接触夹具——方案草图

　　子谦根据夹具要求说明书、工艺文件、机床 T 形图开始进行具体的夹具设计工作。首先绘制出夹具与定位销的装配关系（图 5-1）。

　　然后根据工件两个定位孔的尺寸 ϕ（40~40.1）mm 和 ϕ（15~15.1）mm，查阅附录 B，选择公差等级 h6。定位销的直径分别为 ϕ（39.984~40）mm 和 ϕ（14.989~15）mm，并绘制定位元件图。

　　当子谦在绘制 ϕ15mm 的菱形销时，想到一个问题，如何设计菱形销？如何避免干涉？那么壁厚到底是多少呢？于是子谦打印出自己绘制好的图 5-1 找胡东来想请教一下。胡东来看到子谦的作业后，哈哈大笑。

　　胡东来说："子谦，如果像你这样设计一个夹具，估计你会修改很多次，工作量会成倍增长。这样吧，我花一个小时来给你讲一下节约时间的技巧吧。"

　　子谦立刻拿起纸笔，等着记笔记。

5.2　夹具方案草图

5.2.1　生长法

　　胡东来说："首先，一套夹具与一套设备的开发一样，永远是从总装图开始，先构建总体结构，表达各元件的结构及其装配关系，这点像在画夹具总装图，我们常用的方法是'生长法'。其次，标注关键加工以及元件之间的配合关系。再次，确定夹具与机床的安装配合关系。"

　　子谦记下了三个步骤的内容。

　　胡东来继续说："我们现在进行第一步，用生长法绘制夹具总装草图。首先，将工件按加工状况绘制出图 5-2，记住要用双点画线。第二，将定位元件用粗实线绘出，记住生长法这个词的意思——从工件向外逐个长出相应五大元件。这里先画定位销（图5-3），然后将主定位面画出。这里注意，假如这个工件的批量比较小，那么可以用夹具体直接作为定位支承面，如图5-4所示。在批量大的情况下一般不允许用夹具体作为定位面，因为主定位支承面容易磨损，也就是有很高的维护性要求，所以必须增加一个专门的定位支承板。你是为了学习暂且就简单点，用夹具体直接作为定位支承面，材料选择45钢。"

子谦说："为什么？夹具体这么宽大，不可以做基准吗？和定位板有什么区别呢？"

胡东来说："定位板一般选择高碳钢并淬火到55~60HRC，而夹具体一般理论上要求吸振耐磨则常选用灰铸铁，并且它没有经过淬火处理，所以在工件经常装拆的过程中，硬度较低的夹具体容易损坏，而高硬度的定位板不会。当然，实际生产中一般不选择灰铸铁，知道为什么吗？"

子谦说："我想可能有两个原因：一方面，灰铸铁要经过铸造和实效处理，周期太长；另一方面，现在市场上这种铸铁板比较难买吧？"

胡东来说："直觉不错，我们继续。第三，用粗实线绘制压紧元件，记住适当的时候要用剖视图，如图5-5所示。第四，用粗实线绘制对刀元件，这点要注意，不是所有夹具需要对刀元件的，要根据实际情况，如图5-6所示。"

子谦总结道："对刀元件有两个作用即：一、确保刀具在正确位置；二、缩短对刀的时间，提高效率。"

胡东来说："总结得很好！目前图5-6中已经清晰地表达了加工过程中工件的定位元件、夹紧元件、对刀元件的位置和结构关系，但是要进一步完善，你看还缺哪些内容呢？"

子谦答："五大元件之间的配合关系、连接方式，以及夹具体同机床的连接方式和配合关系。"

胡东来说："嗯，接下来你是否可以自己搞定？"

子谦说："后面的我可以自己搞定，但我发现您的这个方法太厉害了，让我先消化一下。"

此时，有人来找胡东来去车间处理问题，子谦看着胡东来离开的背影才发现自己准备的问题——菱形销的设计——没问，于是子谦决定在胡东来的办公室一边绘制夹具方案总装草图，一边等他回来。

5.2.2 夹具方案总装草图

子谦接着图5-6继续进行夹具方案总装草图的完善工作。首先，将夹具与机床的定位键、压板的压紧螺栓等画出，如图5-7所示。

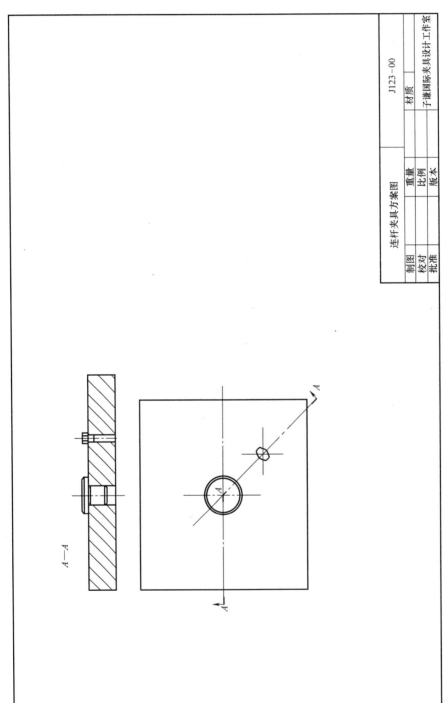

连杆夹具方案图		重量	比例	版本	J123-00	材质	子谦国际夹具设计工作室
制图							
校对							
批准							

图 5-1 夹具与定位销的装配关系

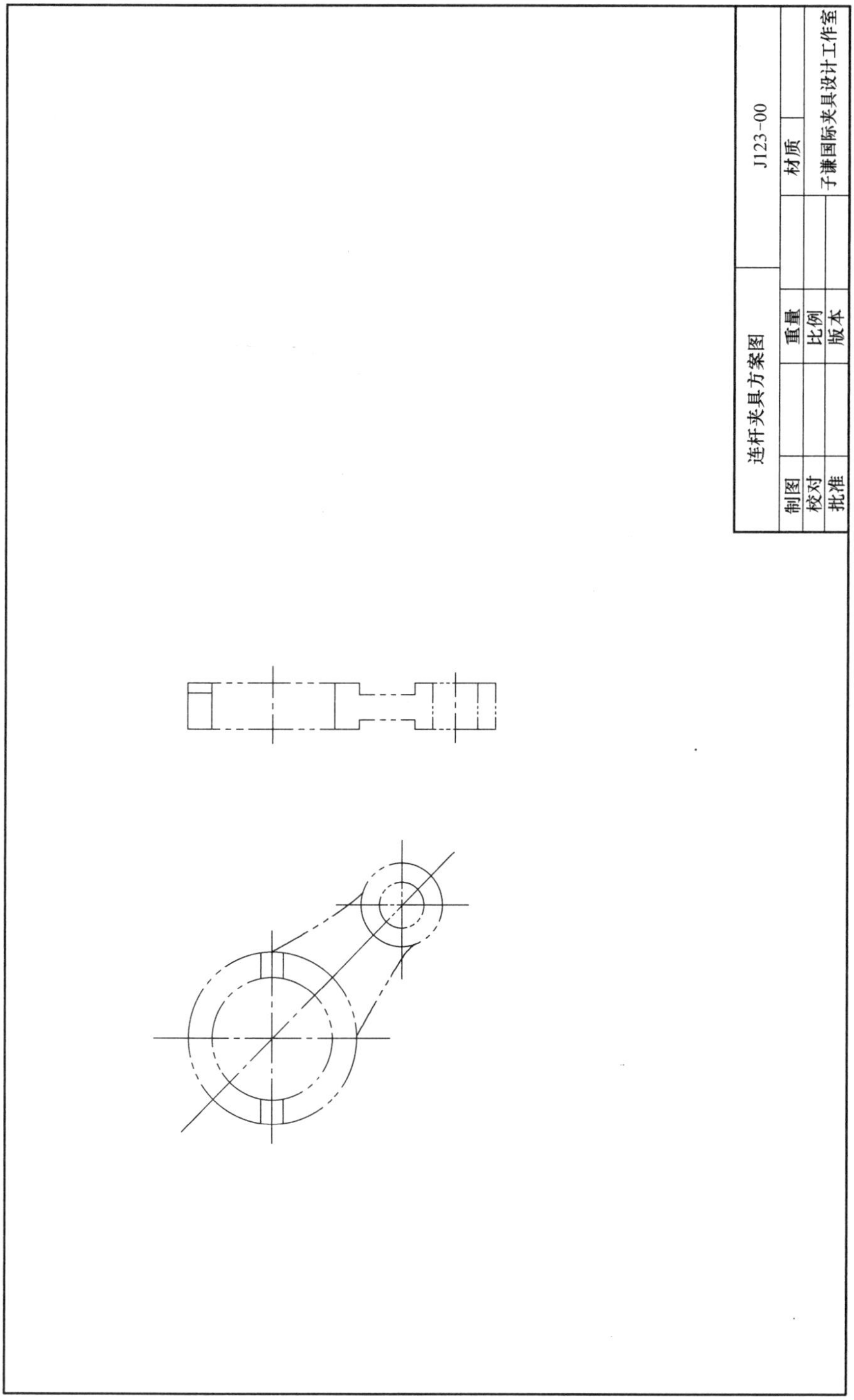

连杆夹具方案图		J123-00
	重量	材质
	比例	
	版本	子谦国际夹具设计工作室
制图		
校对		
批准		

图 5-2 绘制夹具总装草图

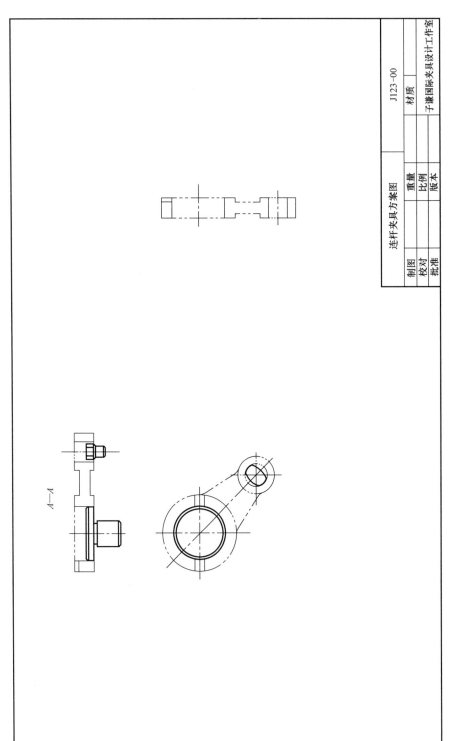

连杆夹具方案图		J123-00
	重量	材质
	比例	子谦国际夹具设计工作室
	版本	
制图		
校对		
批准		

图 5-3　画定位销

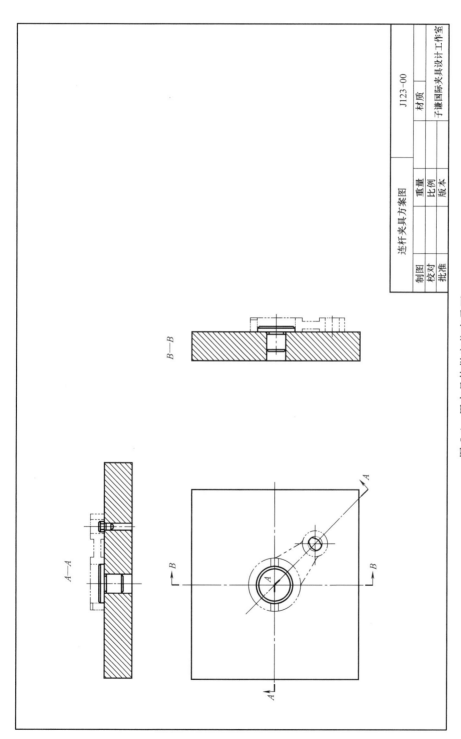

图 5-4 用夹具体做定位支承面

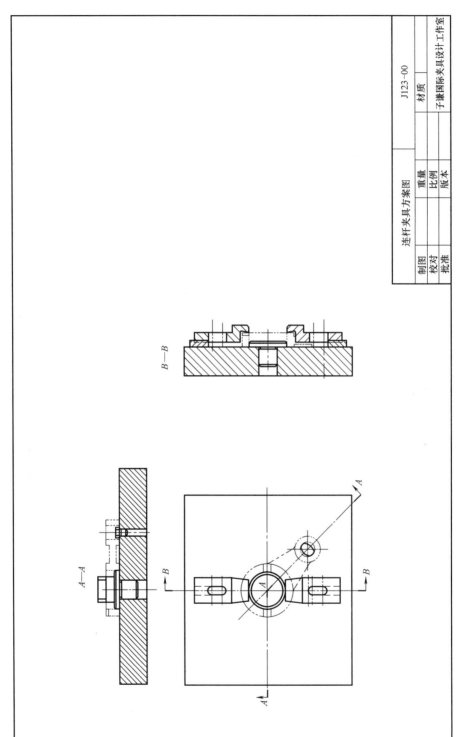

图 5-5　用粗实线绘制压紧元件

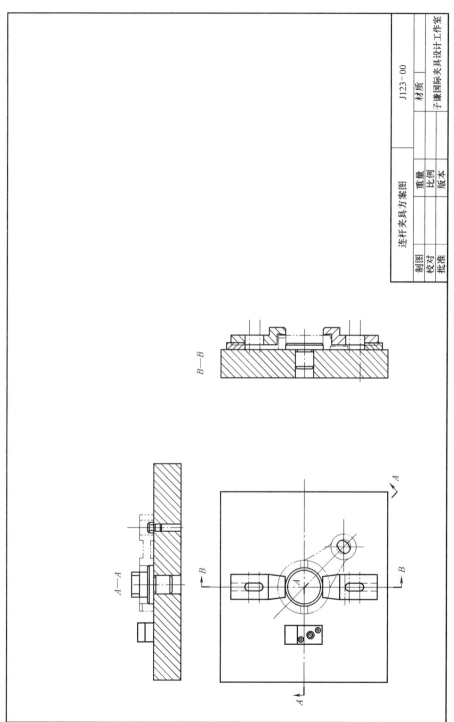

图 5-6　用粗实线绘制对刀元件

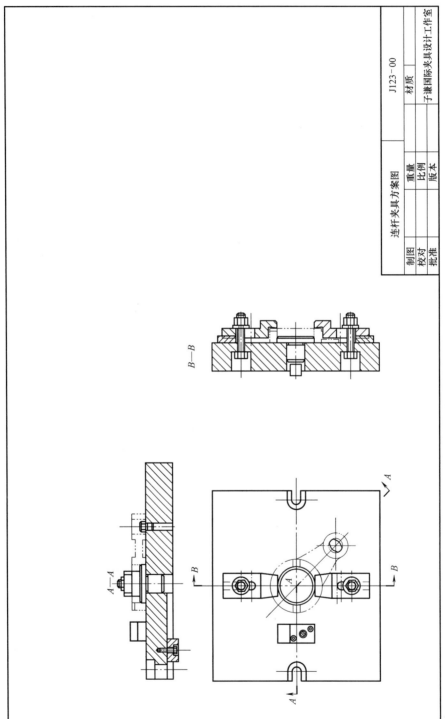

连杆夹具方案图			J123－00
	重量		材质
制图		比例	子谦国际夹具设计工作室
校对		版本	
批准			

图 5-7　绘制定位键、压紧螺栓

完成总装草图的三视图后，应该标注重要的配合尺寸以及总成的总高和总长等尺寸，但是子谦却陷入困境，如何标注这些装配尺寸是个很关键的工作，可惜胡东来和海挺之前都没有教过自己。怎么办呢？正在这时，子谦发现胡东来的办公桌上有一本书：《机床夹具设计实用手册》（以下简称《手册》）。子谦如获珍宝似地阅读起来。古人不是说"书中自有颜如玉，书中自有黄金屋"吗？子谦想，那么书中也一定有如何标注夹具公差的内容。

子谦在《手册》的第16~30页发现一系列表格，清单见表5-1。这些表格从夹具的各个角度出发，对夹具制造提出了技术要求，子谦一时间有点应接不暇，于是决定找找它们之间的关系。

表 5-1　表格清单

	表格内容	页码
表 1-6	按工件公差选取夹具公差	16 页
表 1-9	夹具上常用配合的选择	17 页
表 1-10	常用夹具元件的配合	17 页
表 1-11	导套的配合	19 页
表 1-12	夹具零件的其他公差要求	21 页
表 1-14	夹具技术条件数值	23 页
表 1-15	车磨夹具技术条件	23 页
表 1-16	钻镗夹具技术条件	26 页
表 1-17	铣刨及平面机床夹具技术条件	30 页

子谦仔细思索后发现，有四种情况：

第一，夹具公差是根据工件公差来选取的，一般取工件公差的 1/5 ~ 1/3，同时这些尺寸会影响工件的定位精度。

案例：图 5-8 所示的产品是连杆，为一面二孔结构，其中二孔的中心距离为（60±0.09）mm；夹具的定位方式为一面二销结构，二销的中心距离公差取二孔中心距离公差的 1/3，即（60±0.03）mm。

第二，夹具公称尺寸是根据工件尺寸（如定位销和工件配合的公称尺寸）来给定的，其公差可以在《手

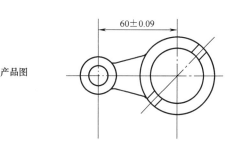

产品图

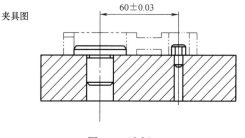

夹具图

图 5-8　连杆

册》中查找。

案例：如图 5-9 所示，工件基准孔 ϕ（20.1～20.2）mm，则定位销的公称尺寸为 $\phi20.1$mm，定位销公差根据附录 B 选择 h6，则定位销尺寸为 ϕ（20.087～20.1）mm。

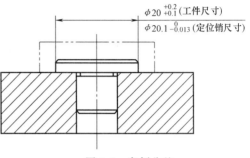

图 5-9 案例公差

第三，夹具的公称尺寸/公差与工件尺寸/公差都没有关系，《手册》对这些夹具尺寸直接给出了配合关系（如定位销和夹具体配合的公差，导套内外径公差，见附录 B），公称尺寸由设计师根据实际情况来确定。

第四，同时还要考虑夹具的整体安装空间，也就是总体尺寸。

于是，子谦将夹具总装图上的尺寸和公差分类整理，见表 5-2。

表 5-2 夹具总装图的尺寸和公差

序号	尺寸分类	设计关键描述
1	夹具总成的安装尺寸	对比机床的工作面大小
2	与工件公差相关的尺寸	夹具公差取工件公差的 1/5～1/3 也可查附录 A
3	仅与工件尺寸相关的尺寸	工件尺寸决定夹具的公称尺寸，配合要求查附录 B
4	与工件尺寸和公差都不相关的尺寸	夹具公差查相关手册

子谦根据表 5-2 还想进行细分，从而整理出一张指导绘制方案总装图的思路表 5-3。目的是明确所有尺寸配合和公差的出处，关键是让出图系统化，以防疏漏。

表 5-3 方案总装图的思路表

尺寸分类		需标注公差要求的内容	设计关键描述
夹具总成的安装尺寸	1	夹具总长、宽、高	
	2	夹具安装基准	
与工件公差相关的尺寸	3	定位基准到安装基准的位置、方向	两种方案： 1. 查附表 A-1 2. 工件公差的 1/5～1/3
	4	定位基准之间的位置、方向	
	5	定位基准本身的形状公差	
	6	导向元件到安装基准/定位基准的位置、方向	
	7	导向元件之间的位置、方向	
	8	对刀到安装基准/定位基准的位置、方向	
仅与工件尺寸相关的尺寸	9	定位销和工件配合的公称尺寸	公称尺寸看工件，配合要求查附录 B
与工件尺寸和公差都不相关的尺寸	10	五大元件之间的关联尺寸	配合要求查附录 B
	11	夹具与机床的关联尺寸	机加工 T 形槽 H9

注：1. 安装基准：此表仅指夹具总成与机床工作台之间的装配基准。
　　2. 定位基准：此表仅指夹具提供给工件的定位基准。

（1）标注夹具的轮廓尺寸和安装基准　子谦根据表 5-3 中的第 1、2 条，立刻绘制出图 5-11。F 基准的应用体现在两个地方：第一，加工对刀块的定位销的安装孔时用此边作为基准；第二，夹具装配好后在机床上找正时也用此边作为基准，这样设置可以提高夹具的精度（具体解释在本书 6.4 节中介绍）。

（2）标注：定位元件到安装基准的尺寸　子谦根据表 5-3 中的第 3 条，立刻绘制出计算草图 5-10 和图 5-12。

图 5-10 设计重点一：定位销之间的位置公差按工件（60±0.1）mm 的 1/3 设计，取（60±0.03）mm（设计依据：附表 A-1）；在 X 和 Y 两个方向的分量是（42.43±0.021）mm。

图 5-12 设计重点二：夹具的工件主定位面相对于夹具安装底面的平行度公差是 0.02mm（设计依据：附表 A-2）。

子谦发现图 5-12 中两个定位销位置是用线性尺寸标注的，对于不太熟悉夹具的测量员来说，可能在基准确认上

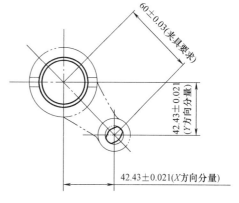

图 5-10　计算草图

会比较麻烦，于是增加几何公差标注的图样，如图 5-13 所示。位置度的数值根据 GD&T 知识转换，计算公式：0.021mm×2×1.414＝0.059388mm。

（3）标注：对刀导向元件的关联尺寸　子谦根据表 5-3 中的第 8 条，立刻绘制出图 5-14。

此图设计重点一：A—A 视图中对刀块工作面相对于夹具主定位面的位置尺寸（8.92±0.02）mm 的设计思路。

设计思路：一方面根据 1/5～1/3 的原则计算，另一方面查附表 A-2。

首先，根据工艺图样 OP50（图 4-3）的信息，工序尺寸为（11.92±0.08）mm，减去塞尺的厚度（3mm），即公称尺寸计算为：11.92mm－3mm＝8.92mm。此尺寸与工件的工序尺寸直接相关，所以公差设定为工件的工序尺寸公差的 1/3，即公差计算为：±0.08mm/3≈±0.027mm。

其次，附表 A-3。零件的误差小于 ±0.10mm，推荐值为 ±0.08mm/s＝±0.016mm。

综上评估，推荐值更严格，所以选择误差值：±0.016mm。

此图设计重点二：B—B 视图中对刀块工作面相对于夹具定位面的位置尺寸（7.05±0.01）mm 设计思路。

设计思路：

第一步，根据工艺图样 OP50 的信息，加工尺寸键槽宽 8～8.4mm，这里需要转化成中值对称误差：±0.2mm。

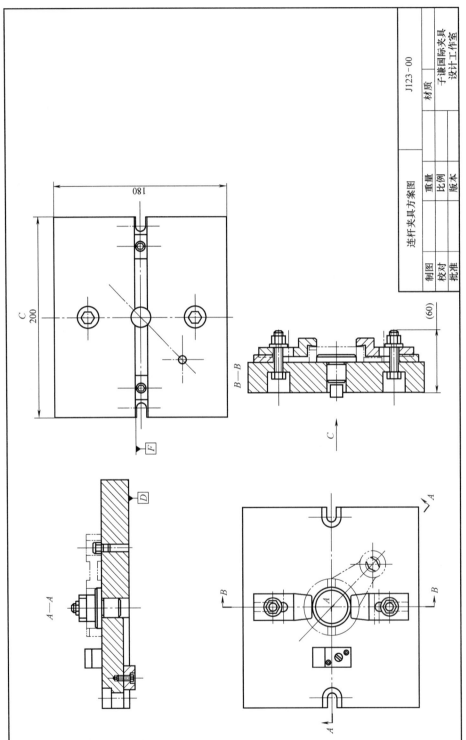

图 5-11　连杆夹具方案图（一）

连杆夹具方案图		J123－00	材质	
	重量		子谦国际夹具	
	比例		设计工作室	
	版本			
制图				
校对				
批准				

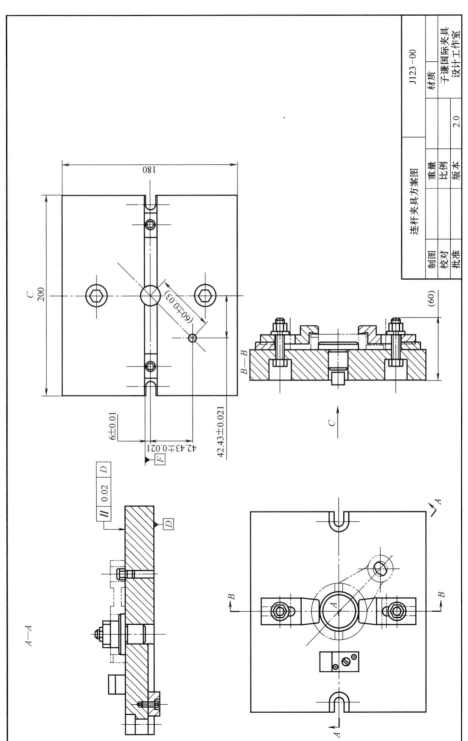

图 5-12　连杆夹具方案图（二）

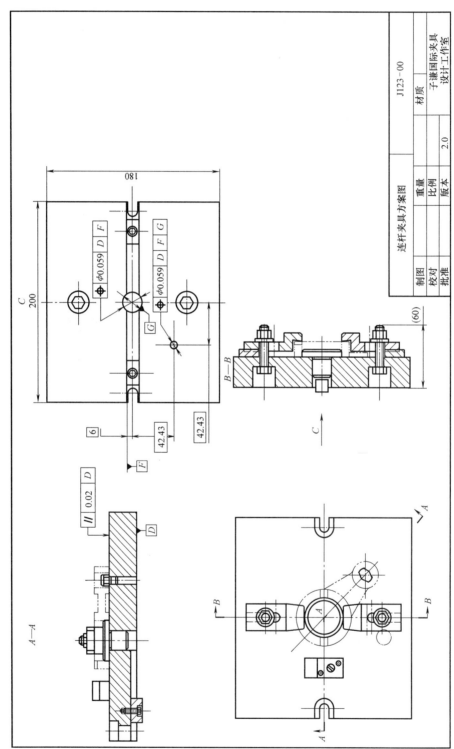

图 5-13　连杆夹具方案图（三）

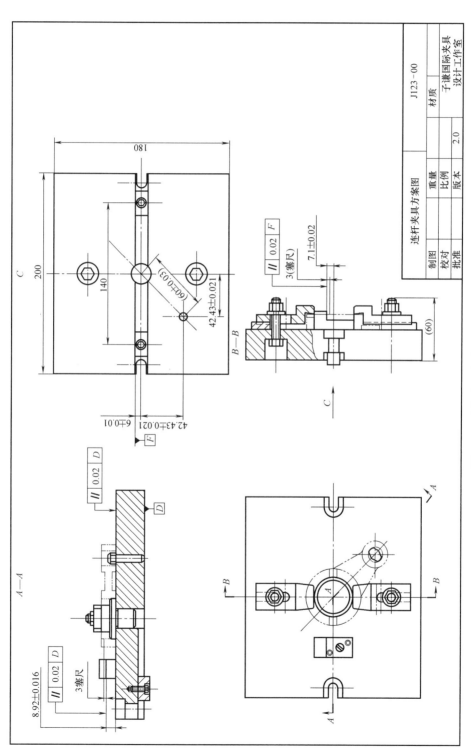

图 5-14 连杆夹具方案图（四）

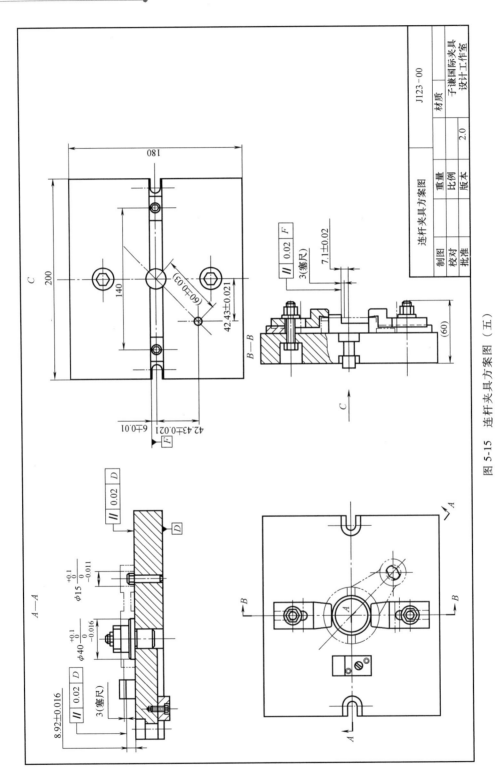

图 5-15　连杆夹具方案图（五）

第二步，由于是键槽，因此要按槽宽的一半来计算，即（4.1±0.1）mm。

第三步，加上塞尺的厚度（3mm），即公称尺寸计算为 4.1mm+3mm=7.1mm。

第四步，公差设定同上，取工件的工艺尺寸公差的 1/3，即 0.1mm/3=0.033mm。

第五步，附表 A-3。工件的公差小于±0.10mm，推荐值为±0.02mm。

综上评估，虽然计算值更严谨，由于评估制造精度可以达到，因此选择误差值±0.02mm。

此图设计重点三：对刀块工作面相对于夹具安装基准的平行度公差为 0.02mm，分别标注在 A—A 视图和 B—B 视图中。设计依据：附表 A-2。

（4）标注接触工件的定位元件尺寸　子谦根据表 5-3 中的第 9 条，立刻绘制出图 5-15。定位销的公称尺寸为孔的最大实体尺寸 $\phi40$mm，定位销取公差"h6（0.016mm）"，所以定位销尺寸为 ϕ（39.984~40）mm（设计依据：附录 B）。菱形销的最大实体尺寸为 $\phi15$mm，公差为 h6（0.011mm），所以定位销尺寸 ϕ（14.989~15）mm（设计依据：附录 B）。

（5）标注五大元件之间的关联尺寸　子谦根据表 5-3 中的第 10 条，立刻绘制出图 5-16，五大元件之间的关联尺寸，设计依据：附录 B。

（6）标注夹具与机床的关联尺寸　子谦根据表 5-3 中的第 11 条，立刻绘制出图 5-17，此夹具与机床的连接方式是 T 形槽加定位键。夹具体与定位键的配合一般有两种：H7/h6 和 H9/h8；机床 T 形槽的公差一般为 H9。

5.3　定位误差校核

完成图 5-17 后，子谦心中暗自窃喜总算大功告成，正得意地看着这张夹具方案草图，突然发现菱形销的壁厚还没设计，定位精度校核也没做。

于是又翻开《手册》查找是否有关于一面二销结构的定位误差分析的内容，终于在第 53 页找到了答案，共记录了两种处理定位销的办法。

第一，减少销的直径，那么定位孔和轴之间的间隙变大，虽然可以解决干涉问题，但是增加了定位误差，对产品精度不利。

第二，使用菱形销或削边销，这种将容易干涉部分的材料去除的做法很好，能够在较小的装配间隙下完成定位，有利于提高定位精度。

5.3.1　定位销设计

1. 建立计算模型

子谦用第二种方法建立了计算模型（图 5-18），各代数的含义和计算表达式如下。

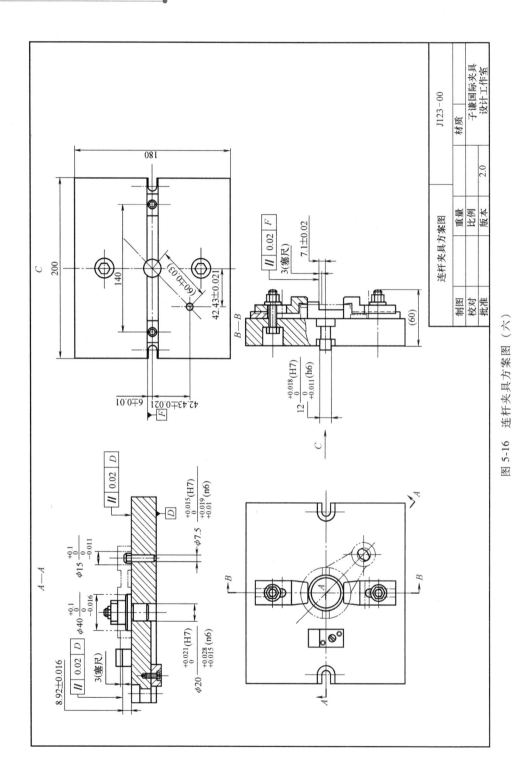

图 5-16 连杆夹具方案图（六）

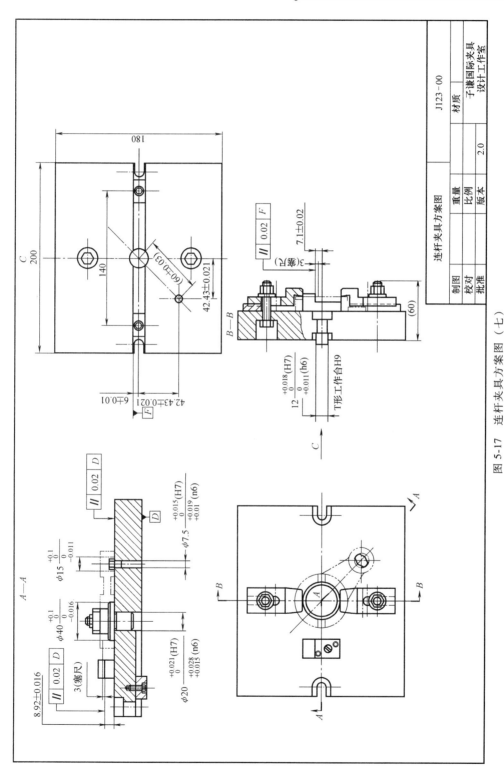

图 5-17　连杆夹具方案图（七）

$$X_{2min} = \frac{2b(T+t)}{D_{2min}}$$

$$d_{2max} = D_{2min} - X_{2min}$$

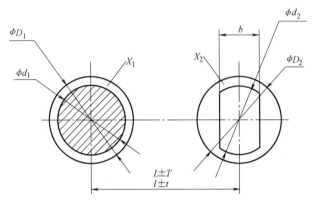

图 5-18　定位销的计算模型

注：D_1—圆柱销对应孔的直径（mm）　d_1—圆柱销的直径（mm）　D_2—菱形销对应孔的直径（mm）

d_2—菱形销的直径（mm）　b—菱形销的宽度（mm），查附录 D　$L±T$—工件孔的间距和公差（mm）

$l±t$—定位销的间距和公差（mm）　X_1—圆柱销与孔的双边间隙（mm）　X_2—菱形销与孔的双边间隙（mm）

2. 确定圆柱销的直径

圆柱销直径的公称尺寸为与之配合的工件孔的最小直径，由工艺图 OP50（图 4-1）知工件孔 ϕ（40～40.1）mm，所以圆柱销直径的公称尺寸为 ϕ40mm。采用 h6 级公差，则圆柱销的直径为 ϕ（39.984～40）mm。

3. 确定两销的中心距离及公差

根据工艺图 OP50（图 4-1）知工件两销的中心距离为（60±0.1）mm，夹具取其公差的 1/3 为（60±0.03）mm；标注在夹具图 X 和 Y 两个方向的尺寸为（42.42±0.021）mm。

4. 确定菱形销的直径

（1）计算 X_2 的最小值

$b=4$mm（查附录 D）；$T=0.1$mm；$t=0.03$mm；$D_{2min}=15$mm。

$$X_{2min} = \frac{2b(T+t)}{D_{2min}} = \frac{2×4×(0.1+0.03)}{15}mm = 0.069mm$$

（2）计算菱形销的最大直径

$$d_{2max} = D_{2min} - X_{2min} = 15mm - 0.069mm = 14.931mm$$

（3）计算菱形销的最小直径

查附录 B，菱形销的公差等级一般为 IT6 或 IT7。公称尺寸为 15mm 时，IT7 = 0.018mm。

$$d_{2min} = d_{2max} - 0.018mm = 14.931mm - 0.018mm = 14.913mm$$

最终确定，菱形销的公差 IT7，直径为 ϕ（14.913～14.931）mm。

5.3.2 计算定位误差——转角位移误差计算

子谦分析了工艺图 OP50（图 4-1），有一个尺寸将受本工序定位误差的影响，分别是：角度 45°±1°。

进一步完善图 5-19，将已有的孔销尺寸和位置公差标入其中，并计算出两孔间隙的最大值和最小值，如图 5-19 所示。

图 5-19 中，左边孔向上运动贴到定位销边缘，右边孔向下运动贴到定位销边缘，如图 5-20 所示。

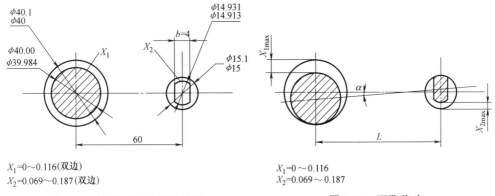

$X_1=0\sim0.116$（双边）
$X_2=0.069\sim0.187$（双边）

图 5-19　计算两孔的间隙最值

$X_1=0\sim0.116$
$X_2=0.069\sim0.187$

图 5-20　两孔移动

$$\tan\alpha=\frac{(X_{1max}+X_{2max})}{2L}=\frac{0.298mm}{2\times60mm}=0.0025$$

$$\alpha=\arctan0.0025\approx0.14°<1°/3=0.333°$$

结论：零件的转角位移误差远小于图样要求。

5.3.3 计算定位误差——直线位移误差计算

这时，夹具部主管若兰来到胡东来的办公室，认真研究了子谦的校核资料后想考考子谦。

若兰说："子谦同志！如果将产品图 4-1 改成图 5-21，增加对称度 0.3mm 的要求，那么需要怎样的校核呢？"

子谦飞快地拨弄着鼠标滚动条，说道："我来试试，这是工件整体向一个方向偏移的最极端状况。"

子谦在 CAD 中研究出工件如图 5-22 所示情况时，工件向上偏移的最极端状况。大孔与销的最大间隙是单边 0.058mm，小孔此方向上的单边间隙是 0.11mm。工件以大孔的间隙极限向上（或向下）移动为最危险的状况，进行精度校核（此时忽略小孔的旋转误差）。工件整体在同一方向上的运动值 0.116mm/2＝0.058mm，贴到定位销边缘，如图 5-22 所示。

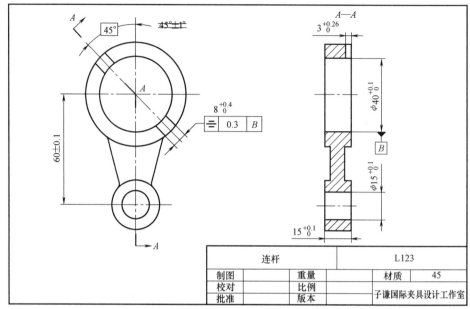

图 5-21　增加对称度 0.3mm

这时，子谦发现问题了。如图 5-23 所示，工件的基准 B 孔和夹具定位销之间有单边 0.058mm 的间隙，则工件相对于夹具（定位元件）可以上下移动 0.058mm，但是刀具的移动方向是沿着定位销的中心左右切割的，因此导致刀具切割中心（8mm 的槽）与工件中心（基准 B）的偏离值将达到 ±0.058mm，0.058mm×2 = 0.116mm，即对称度的最大值为 0.116mm。

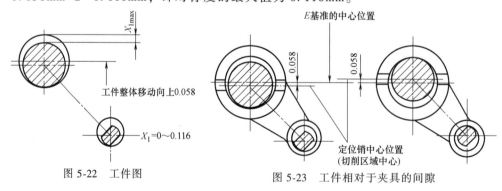

图 5-22　工件图　　　　　图 5-23　工件相对于夹具的间隙

对称度的最大值 0.116mm>0.3mm/3 = 0.1mm，没有满足定位误差小于工件误差的 1/5~1/3，所以定位精度不够。子谦束手无策了，只好向若兰请教。

5.4　定位误差过大时的处理方法

子谦说：“若兰，零件的定位误差太大，满足不了加工工艺要求，如何解决呢？”

若兰看了半天，此时听子谦求助，耐心解释道："三条路：第一，重新选择更好的定位方案；第二，提高定位元件的精度；第三，牺牲工件的公差，这里是指提高与定位元件配合的工件本身尺寸（内孔直径）精度。"

子谦说："第一条行不通；第二条从贡献度上看，我宁愿提高工件本身的精度；所以选第三条。"

若兰说："好的，试一下吧。"

子谦提高大孔尺寸精度，ϕ（40~40.08）mm［修改前为 ϕ（40~40.1）mm］，公差为 0.08mm。修改图 5-19 中的内容，如图 5-24 所示。

然后将工件位移到最危险状态，如图 5-25 所示。重新计算直线位移误差为 0.048mm，得出对称度的最大值 0.096mm<0.3mm/3＝0.10mm，满足定位误差小于工件误差的1/3，因此直线位移误差符合要求。另外，由于工件的公差收严，旋转位移误差变得更小，于是得出结论：定位精度符合要求。

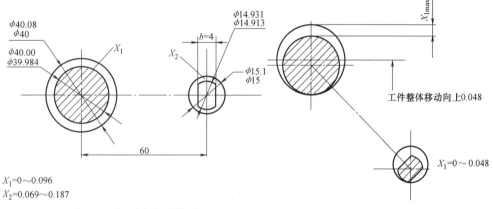

X_1=0～0.096
X_2=0.069～0.187

图 5-24　加严大孔后结果　　　　　　　图 5-25　移动工件

此时，两个小时前离开的胡东来回来了，听了子谦的汇报后，认真地看完子谦绘制的夹具方案草图、定位误差校核的资料。

胡东来评价道："不错呀，这么短时间完成了这么多内容，还自己进行了定位误差校核。"

子谦说："都是师兄指导有方！"

胡东来说："嗯，若兰给的这个工件对称度好，一方面训练了你的设计能力，另一方面对零件质量提出了更合理的要求。好了，听好你接下来的任务：第一，零件图以若兰改过的为准；第二，修改一下压板的结构，最大限度地增长压板的尾部长度，以确保工件具有更大的压紧力；第三，把所有资料整理一下，包括夹具方案图、定位误差分析等说明书。我要问下若兰的意见，是时候进行夹具方案评审了吗？"

若兰说："我看可以。"

子谦修改了夹具方案草图，如图 5-26 所示。第二天接到通知，评审通过，可以出正式的夹具图样了。

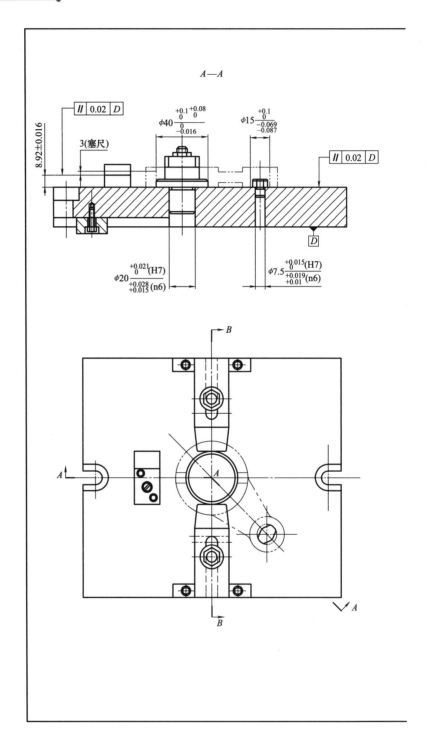

图 5-26 修改后的

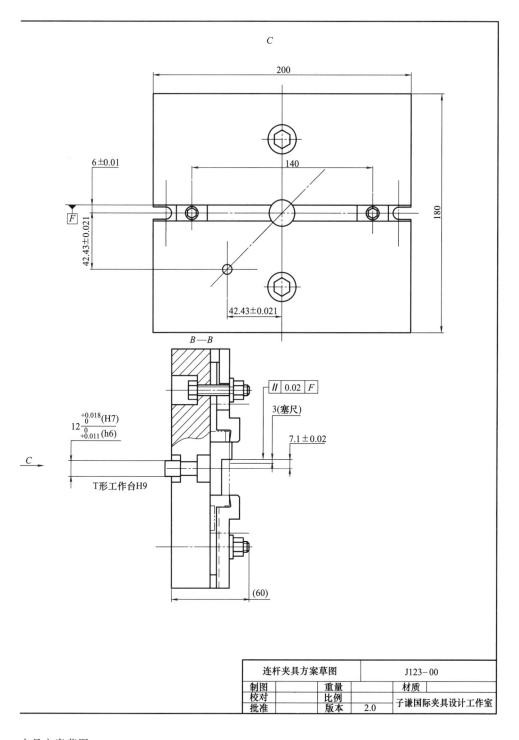

夹具方案草图

第6章

夹具的设计与制造

又是一个春光明媚的日子，子谦放弃了和 Joyce 一起享受美好的周末时光，早早地来到胡东来的工厂，准备好了相关资料：《机械设计手册》、螺栓相关标准和《实用金属加工工艺手册》，当然还有最重要的——《机床夹具设计实用手册》（简称《手册》）。

6.1 夹紧力的计算

子谦看着夹具方案草图，在脑海里细细地过着每一个零件的作用、尺寸及要求，突然想起压板的夹紧力还没计算过，于是立刻在相关资料中查找相关信息。

1. 削切力

在《手册》的第 75 页看到表 3-5 "铣削切力的计算公式"。根据工艺图 OP50（图 4-1）可知以下信息。

刀具材料：硬质合金

工件材料：碳钢

铣刀类型：圆柱铣刀。

则计算公式为

$$F = 2335 a_p f_z^{0.8} d^{-1.1} B^{1.1} n^{-0.1} Z$$

根据上述公式和参数计算出的结果与工艺文件（工艺设计说明书）上提供的切削力大小几乎一样，于是开始下一步工作。

2. 夹紧结构力学模型

对夹具夹紧结构建立力学模型，如图 6-1 所示。

3. 螺栓的夹紧力

由图 6-1 得出计算公式如下

$$W_K = \frac{KF}{\mu}$$

式中　　F——切削力（N）；

　　W_K——实际所需的夹紧力（N）；

　　K——安全系数，粗加工时为 2.5~3，精加工时为 1.5~2；

μ——摩擦系数，根据附表 E-2 可查得。

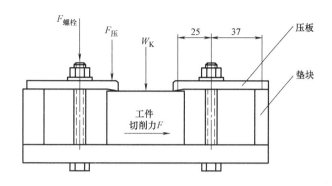

图 6-1 建立力学模型

根据公式，取 $K=1.5$；工件为加工过的表面，摩擦系数都取 0.16，则夹紧力为

$$W_{\text{K}} = \frac{KF}{\mu} = \frac{1.5 \times 498.8\text{N}}{0.16} \approx 4676.3\text{N}$$

$$F_{\text{压}} = \frac{1}{2}W_{\text{K}} = 2338.15\text{N}$$

$$F_{\text{螺栓}} = \frac{62}{37}F_{\text{压}} \approx 3918.0\text{N}$$

结论：螺栓的夹紧力取值 3920N。

4. 螺栓的选择

螺栓的夹紧力取值 3920N，查附表 E-1，M10 的许用夹紧力 4021N＞3920N。

结论：需要 M10 的螺栓两个（GB/T 6170）。

6.2 夹具总装图

子谦现在绘制总装图，首先按组合键<Ctrl+C>，然后按组合键<Ctrl+V>将夹具方案草图中的内容全部复制出来。子谦暗下决心，一定要将这套夹具设计好，达到可以实用的标准。于是在夹具体和工件之间增加了两个环状定位支承板。

接下来按顺序进行如下步骤：

第一，对夹具体进行减重。

第二，增加未完成的装配关系。

第三，修改不合理的结构。

第四，增加明细表。

定位键按标准选择型号：定位键 A12h6 JB/T 8016—1999。

很快，夹具总装图设计成功了，如图 6-2 所示。

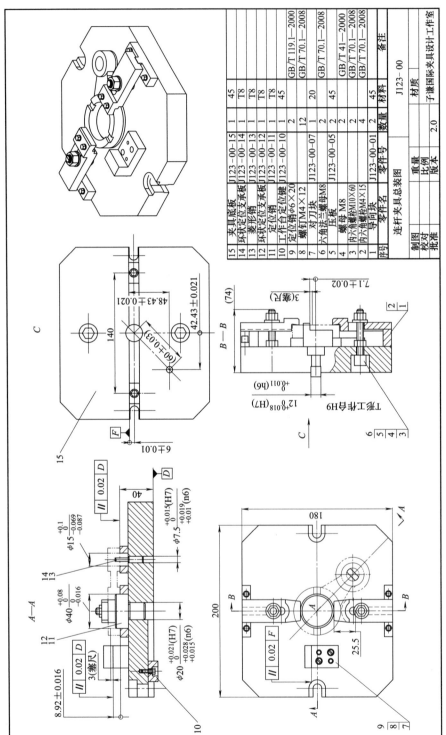

图 6-2 夹具总装图

6.3 夹具子零件出图

接下来开始拆解零件图，共 7 张，清单见表 6-1。其中标准件直接采购，工作台定位键（J123-00-10）和导向块（J123-00-01）结构简单，未出图。

子零件出图步骤如下：

第一，完善三视图，清晰地表达零件结构。

第二，标注总长、宽、高。

第三，总装图中有配合要求的，直接照抄。

第四，完善其他尺寸。

第五，表面粗糙度，查《手册》第 21 页的表"夹具零件的其他公差要求"。

第六，选择材料和热处理，查附录 C。

表 6-1 零件图清单

图号	零件名	零件号
图 6-9	夹具底板	J123-00-15
图 6-8	环状定位支承板	J123-00-14
图 6-7	菱形销	J123-00-13
图 6-6	环状定位支承板	J123-00-12
图 6-5	定位销	J123-00-11
图 6-4	对刀块	J123-00-07
图 6-3	压板	J123-00-05

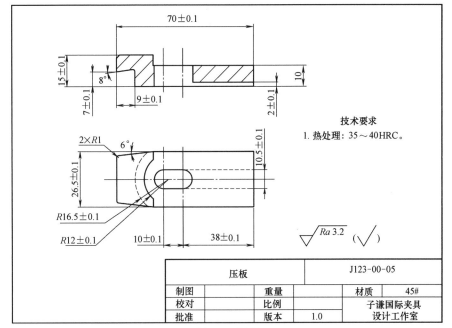

图 6-3 压板

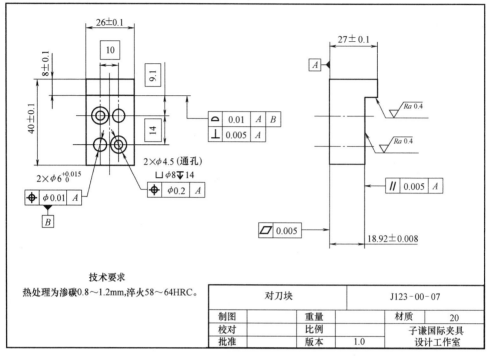

图 6-4　对刀块

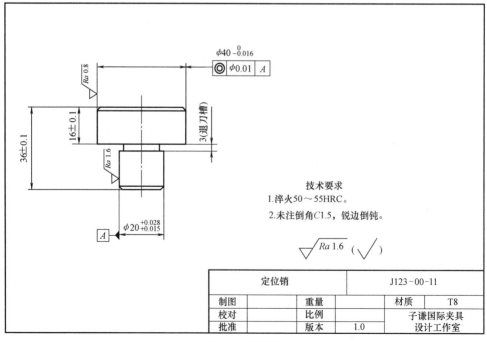

图 6-5　定位销

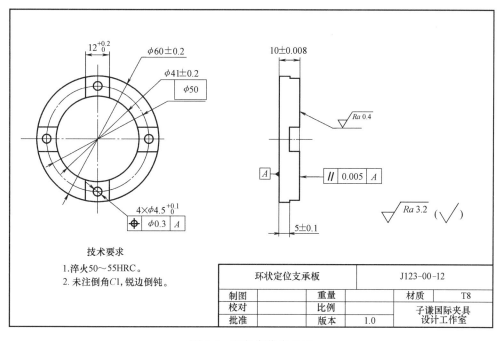

图 6-6 环状定位支承板

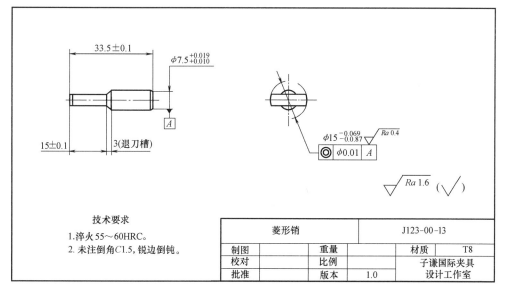

图 6-7 菱形销

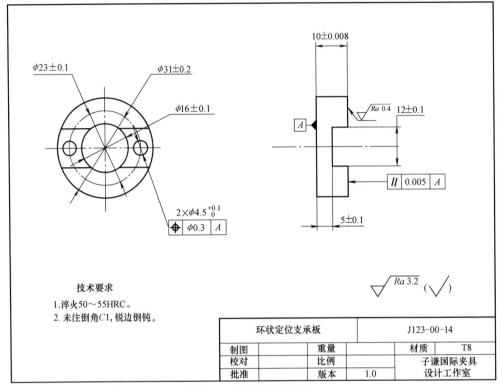

图 6-8 环状定位支承板

子谦完成所有图样后，把图样交给了胡东来。胡东来看后非常开心，认为几乎达到了生产要求，但是还有些小问题，要解决这些小问题需要强大的现场技术经验，于是把图样转给了夹具部主管若兰，接下来的工作由她来协调完成。

胡东来说："子谦，第一次将夹具设计到这个程度，非常棒。当然还有一些要修改的地方，关于这方面的经验，若兰比我更专业，你好好跟她学习吧。"

6.4 夹具制造

几天后，子谦来到现场寻找正在制造中的夹具。此时，夹具体已经从机床上拆下来了，由于一个新员工的失误，少加工了对刀块的定位销和菱形销的安装孔，如图 6-10 所示。

6.4.1 提高夹具制造精度的方法

若兰知道后，决定利用这个机会指点子谦，指点内容是夹具经常采用的调整法、修配法、装配后再加工以及就地加工的方法。

若兰说："我有一个不太好的补救方法，想知道吗？"

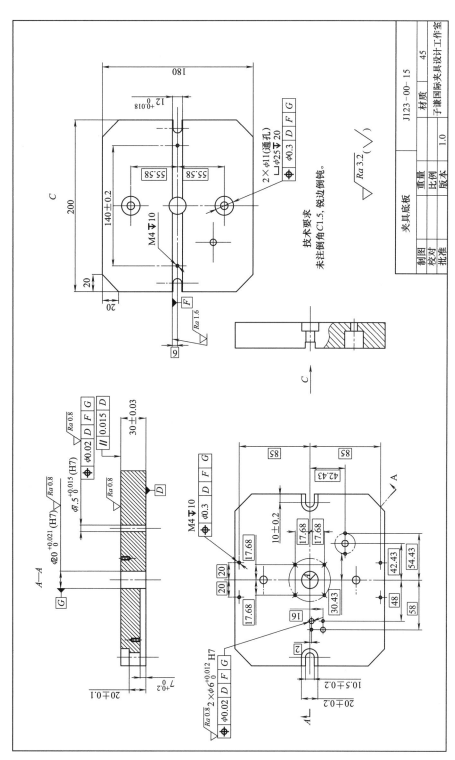

图 6-9 夹具底板

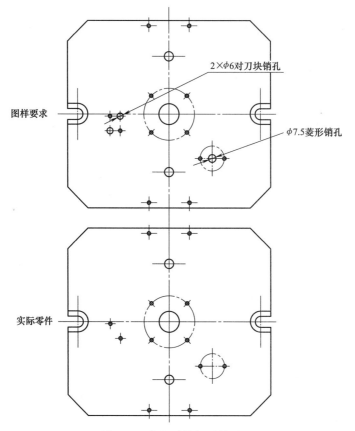

图 6-10　实际零件与图样对比

1. 典型操作流程

若兰没有直接给出答案，而是在 CAD 中列举出操作流程。

（1）装配组件　将夹具体和定位键装配成组件。

（2）找正基准　将组件中定位键的侧边（图 6-11 中标有 *B* 基准的面）和铣床的 T 形槽一边贴平（图 6-12），然后夹紧夹具体。

（3）加工关键面、孔　关键点是夹紧后一次加工，如图 6-13 所示。

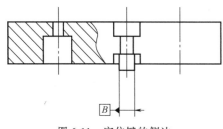

图 6-11　定位键的侧边

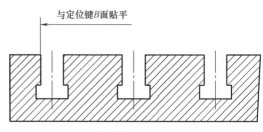

图 6-12　定位键侧边与 T 形槽一边贴平

若兰说："这边还有一个夹具，它的情况也类似，如图6-14所示。先将夹具底板和两个定位板装配好，再用 B 基准贴平磨床工作台，然后加工，保证平行度要求（0.02mm）。"

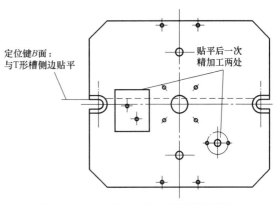

图 6-13　定位键 B 面与 T 形槽侧边贴平

若兰说："想想它们之间的关联，这样安排夹具的制造过程有什么优点呢？"

2. 背后逻辑梳理

子谦说："嗯，先看我设计的夹具在加工中的定位：用夹具底板的底面贴平机床工作台，可以理解为第一基准；用定位键的 B 基准面贴平 T 形槽，可以理解为第二基准。这与夹具的使用工况一致。加工内容：对刀块装配的两个定位面。而对刀块的两个定位面和菱形销的安装孔同时相对于夹具的安装基准有很高的位置精度和方向精度要求。这样可以减少制造过程中的公差累积。"

若兰说："总结得很好！在《手册》中这样写到，夹具可以适当采用调整法、修配法、装配后再加工以及就地加工的方法。"

若兰停顿了几秒，问："有什么新的发现吗？"

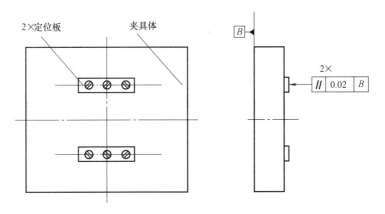

图 6-14　夹具示例

3. 提高夹具制造精度的意义

子谦说："给我一秒钟，让我想想。第一，降低对机床精度的要求：这种方法可以减小装配间隙对夹具的影响，实现更高的精度，这是它的作用；第二，操作者有较高的技术能力要求，需要适当的调整时间。"

若兰说："总结得很好！"

4. 现代生产对夹具的要求

子谦说："如果这样的话，我们的夹具体等很多零件就不需要用加工中心来加工了，而直接采用普通机床来制造了？"

若兰说："分析得很对。除了我今天教你的这些方法以外，还有很多类似的方法，特别是老国企的师傅们知道的方法更多。但是随着社会的进步，客户的要求决定了我们必须采用更高精度的工艺过程来生产夹具。

第一，客户对夹具零配件的互换性提出很高的要求。假如在生产过程中某一个定位支承损坏了，客户期望的是有一个新支承在现场换上就可以继续生产，而不是把整个夹具送到专业的夹具车间花更长的时间调整和维修。"

第二，目前的制造设备更新和普及得都很快，加工中心不是稀有设备，使用成本也降下来了，这提供了硬件保证。"

所以，我们对夹具已经提出了更高的设计和制造要求。而前面用的这些调整类的方法适合条件是：互换性要求不高，制造夹具零件的设备落后。当然，如果夹具的精度极其高，我们偶尔也会采用调整的方式。"

6.4.2 空腔导致铁屑堆积问题

子谦到现场后发现菱形定位销的结构都被改了，如图 6-15 所示。

子谦问道："长这么胖了，是什么原因？"

若兰解释道："如图 6-16 所示，有两个空腔，在加工过程中经常会有小的铁屑积留在其中，导致难以清理，一旦这些小的铁屑进入工件和定位面之间，就会影响定位精度，所以改成图 6-15，就避免了这个问题。"

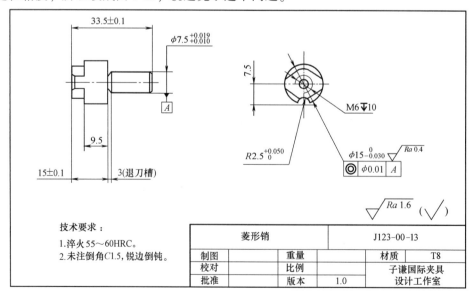

图 6-15 菱形销

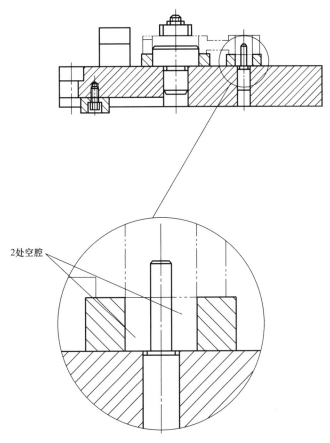

2处空腔

图 6-16 会积留小铁屑的空腔

6.4.3 控制菱形销的旋转

　　子谦笑道："胖就胖了，为什么还加工一个 *R*2.5 的缺口呢？"

　　若兰说："如图 6-17 所示，菱形销的长边方向与两个定位销的连线方向最好保持垂直关系。如果没有东西约束菱形销，那么在装配的时候会发生我们不希望的旋转。"

　　子谦说："那对应的小环状定位板上要增加一个定位孔吧？"

　　若兰说："是的，在图 6-9 夹具体基础上修改。"

6.4.4 定位销快速拆卸螺纹孔

　　子谦问道："在销的头部增加一个 M4 的螺纹孔是为什么呢？"

　　若兰说："你忘记了？这是为了满足客户对夹具快速在线替换零件，不影响生产的要求。只要拧入一个螺钉，就可以轻松地把销拔起来了。"

　　子谦说："我明白了。"

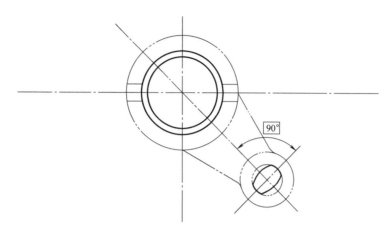

图 6-17　菱形销和定位销的垂直关系

6.4.5　铸件夹具体减少精加工面积

一周后，子谦又来到胡东来的工厂，发现新的夹具体已加工好了，但是与自己的图样有点不同。对刀块和两个定位支承板的安装位置要高出 3～5mm，如图 6-18 中主视图阴影部分所示。

若兰指着新加工好的夹具问："你知道它的材质是什么吗？"

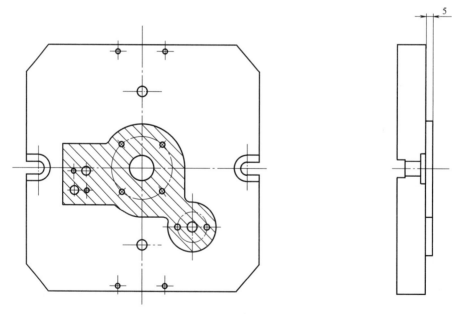

图 6-18　对刀块和定位支承板的安装

子谦说："好像是铸铁的，这可比 45 钢的要好多了，既抗振，又吸振而且还耐磨。"

若兰笑了笑说："由于铸件的切削余量大，因此在粗加工时就把阴影部分以外的材料多加工了5mm，这样在加工安装面时，就可以节约加工时间和刀具的磨损，所以才会这样的。"

6.4.6 经常拧紧的螺栓放松

子谦问："图6-19中的齐缝销是用来防止螺栓转动的吗？"

若兰说："是的。"

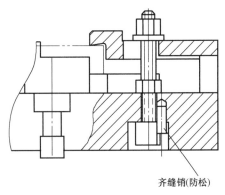

图 6-19 设置齐缝销

第7章

夹具的安装与验收

7.1 夹具找正的三种方式

7.1.1 定位键双面定位

试制员将装配好的夹具放入铣床工作台，在定位键的 B 基准面没有贴平 T 形槽侧边的情况下（注意没有贴平而直接用螺栓锁紧，如图 7-1 所示），这时在定位键侧面和 T 形槽侧边之间会有一定的间隙，这个间隙会导致夹具相对于机床发生旋转。子谦虽然意识到了这个情况，但是他想了解这对工件到底有多大的影响。

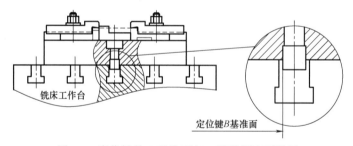

图 7-1　定位键的 B 基准面与 T 形槽侧边不贴平

0.5h 后，有 10 个工件被加工出来，子谦对这些工件相对于机床的旋转角度进行了测量，关注点是 $45°±1°$ 的结果，见表 7-1。计算离散程度为 0.326，平均值为 45.26°。

表 7-1　夹具相对于机床的旋转角度

工件	1	2	3	4	5	6	7	8	9	10
报告/(°)	45.6	45.5	44.8	44.9	45.4	44.9	45.6	45.5	44.8	45.6

7.1.2 定位键侧面定位

子谦来到现场，按照图 7-2 的方式重新装配，找正方式是将定位键的 B 基准面贴平 T 形槽侧边，并锁紧螺栓。重新加工了 10 个工件，并重新进行测量，结果见表 7-2。计算离散程度为 0.320，平均值为 45.05°。

于是，子谦简单做了一个表 7-3，可以看出，离散程度变化不大，这些工件是由同一个制造系统（同样的设备、夹具）生产的，而平均值的变化说明夹具中心的位置发生了旋转，原因是之前的夹具和工作台之间有一定的旋转误差，*B* 基准面贴平后则会消失。

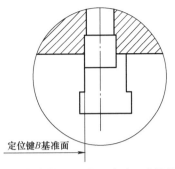

图 7-2　定位键 *B* 基准面贴平 T 形槽侧边

表 7-2　侧面定位时的相对旋转角度

工件	1	2	3	4	5	6	7	8	9	10
报告/(°)	45.4	45.3	44.6	44.7	45.2	44.7	45.4	45.3	44.6	45.3

表 7-3　零件 *B* 基准面与 T 形槽侧边贴平与不贴平的区别

装配方式：*B* 基准面与 T 形槽侧边	σ（离散程度）	平均值/(°)
不贴平	0.328	45.260
贴平	0.320	45.050

7.1.3　设置找正面定位

机加工车间开始使用这个夹具了，工人汇报"工件出现批量不合格"。子谦首先将测量值输入表 7-4，并计算离散程度为 0.328，平均值为 45.86°。根据这个参数可以基本判断，制造系统没有问题，但是夹具中心的位置发生了旋转。

表 7-4　工件不合格后的测量

工件	1	2	3	4	5	6	7	8	9	10
报告/(°)	46.2	46.1	45.4	45.5	46	45.5	46.2	46.1	45.4	46.2

子谦来到现场指挥作业员重新调整，但是结果还是不如人意。无奈之下，子谦只能拆下夹具，准备重新检查一遍，当拆除了夹具，工作台表面显露出来时，子谦才发现 T 形槽侧边严重受损。子谦再次将求助的目光投向若兰。

若兰说："子谦同志，莫急！你看夹具的侧边是不是有一条多余的光亮表面（图 7-3 中阴影部分）呀？"

子谦一拍脑门，说："是的，但我的夹具图样上没有设计这个部分，是你加上去的吗？嗯，看来这个地方有问题。"

若兰笑着说："工艺卡上的加工设备编号是 ZQ-010，我知道这台机床的 T 形槽有损坏，下个月才能有配件，所以在加工对刀块的安装尺寸时，我顺便把它加工出来了。那么，你知道有什么作用吗?"

子谦想了想说:"我看一下这个表面在加工时的定位基准。夹具体的底面为第一基准，定位键的 B 面为第二基准，然后加工出来的这个表面和定位键的 B 面有极高的平行度及位置精度，那么我只要把这个面在机床上拉平，也就相当于定位键 B 面找到了正确位置和方向。这样夹具的位置就对了! 若兰同志，你太厉害了。"

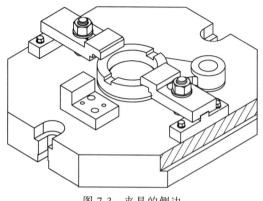

图 7-3　夹具的侧边

若兰说:"这个知识在《手册》上都有。这是一种设置找正面的定位方法，用于精度较高的夹具或重型夹具等，像这些不适合使用定位键的夹具。"

7.2　夹具在工艺过程中的位置

若兰说:"这里有一个问题，你去找找解决方案吧。如图 7-4 所示，我们把槽深尺寸的公差改为 0.1mm，请问这套夹具是否可以保证呢?"

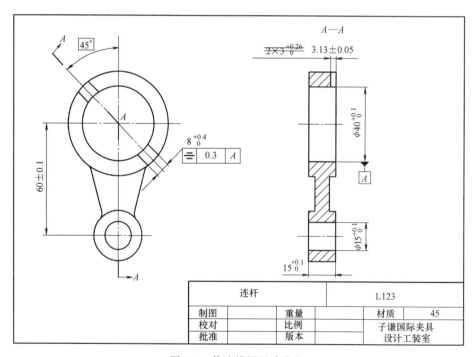

图 7-4　修改槽深尺寸公差

子谦说："当然可以保证啦！机床的制造精度小于0.04mm，工件公差为0.1mm，完全能满足要求。"

若兰说："那么工件在夹具上的定位在哪里？槽深的测量又是从哪里开始的呢？"

子谦立刻画了一张尺寸链（图7-5），并列出了表7-5，发现果然不能满足产品要求。

子谦说："导致超差的原因不是本工序，也不是本工序的夹具定位不良，而是前工序的误差叠加引起的。"

若兰说："是的，因为夹具是为工序服务的，而工序又是工艺过程的一个部分，所以要形成系统思维，习惯将夹具放在这个工艺过程中去看，这样才能更好地了解夹具。"

子谦摇头，表示不明白。于是若兰在子谦的表格中又增加了一列"贡献度"，见表7-6。

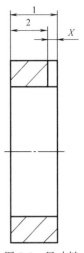

图7-5 尺寸链

表7-5 尺寸链 （单位：mm）

环编号	环内容	增环	减环	公差
1	连杆厚度	15.05		±0.05
2	铣床加工尺寸		11.92	±0.02
封闭环	槽深		3.13	±0.07

表7-6 尺寸链

环编号	环内容	增环	减环	公差	贡献度
1	连杆厚度/mm	15.05		±0.05	71%
2	铣床加工尺寸/mm		11.92	±0.02	29%
封闭环	槽深/mm		3.13	±0.07	100%

若兰问："假如要提高槽深的尺寸精度，你会拿那谁'开刀'呢？"

子谦说："我选择贡献度较高的，因为其机加工的能力比较富余。"

若兰问："你找到夹具的位置了吗？"

子谦说："懂了，比如有时候机床和夹具精度都没有问题，但是零件还是超差，问题就在这里。夹具是整个工艺过程中的一个组成部分，要研究夹具就要把它放在整个工艺系统中考虑。一方面，这个问题是工艺尺寸链的计算问题；另一方面，当我们无法提高此种情况的精度时，可以在其他工序中牺牲部分公差（仅指收严公差）来满足工艺的要求。"

7.3 验收

若兰说："懂了吗？那接下来帮我干活。"

子谦问道："干什么活？"

若兰说："你这套夹具要验收啦！"

子谦接着问："所以，我们要干什么呢？"

若兰决定卖个关子，说："自己想想。"

子谦试着分析："第一，夹具上所有子零件的测量报告；第二，总成的关键尺寸测量报告；第三，试生产产品的尺寸以及 CPK 能力情况；还有……"

若兰补充道："还有你之前的所有努力结果：夹具要求说明书、夹具方案草图、夹具设计说明书以及夹具全套图样。"

子谦说："懂了。"

第8章

总　　结

8.1　夹具的开发流程

子谦对夹具的开发流程进行了总结，来到胡东来的办公室想讨论一下。这时，胡东来正在办公室里和政一谈话。

胡东来说："子谦，来给你介绍一下，这是思维导图培训师——政一老师。他可是出色的思维导图培训师。我们邀请他，明天给我们公司培训思维导图。"

握过手就算结识新朋友了。子谦好奇地发问："政一老师，什么是思维导图呀？"

政一说："思维导图又叫心智导图，思维是指逻辑、层次、结构，导图是指记忆、联想、创造。这是一种实用性的思维工具，主要是运用图文并重的技巧，把各级主题的关系用相互隶属与相关的层级图表现出来，从而开启人类大脑的无限潜能。"

子谦又问："可以帮助我整理夹具的开发流程吗？"

胡东来说："当然可以，你先说说你整理的资料，看看政一老师怎么帮你？"

子谦喜出望外，说："好的。我来介绍一下我的总结，我把夹具开发流程分为四个阶段，如图8-1所示。第一阶段是策划与准备，第二阶段是方案设计及评审，第三阶段是设计与制造，第四阶段是安装与验收。

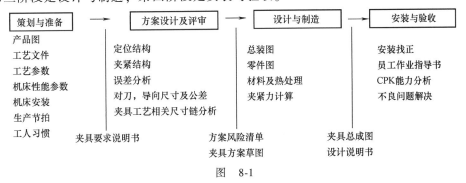

图　8-1

每个阶段都有不同的任务，并将这些任务罗列在各自阶段的下面。同时，每个阶段之间有里程碑性质的 5 个重要的文件，例如：第一阶段和第二阶段之间的文件是夹具要求说明书。"

接下来，大家详细地讨论了图 8-1 的每个细节。

8.2　夹具开发的细节知识点梳理

政一说："子谦兄弟，我大概了解您的这张图表了，很棒！它具有很高的概括性，可以说即含有流程步骤，又含有具体方法。那么，您想不想让人们更容易记住您总结的内容呢？"

子谦脱口而出："当然想啦，帮我试试？"

政一问："用一句话或一个词说明夹具，那会是什么？"

子谦答："确保产品工序精度。"

政一又问："如果用两句话或两个词呢？"

子谦不假思索地说："定位、夹紧。"

政一接着问："如果是用三句话或三个词呢？"

子谦对答如流："三个文件：夹具要求说明书、方案风险清单、夹具总成图。"

政一继续问："四个词呢？"

子谦想了想说："策划与准备、方案设计及评审、设计与制造、安装与验收。"

政一说："那么五个词呢？"

子谦思考了一下，说：定位基准系、定位精度校核、夹紧力校核、产品要求相关尺寸传递、夹具稳定性分析。"

笔在政一手中不停地飞舞着，问："六个呢？"

子谦缓缓答道："识别产品功能或要求、机构设计能力、公差应用、材料及热处理、现场工艺调试、问题解决。"

政一又追问："那么七个呢？"

子谦说："我想想……辅助定位，自由度分析，定位误差，夹紧原则与要素，生长法，尺寸链，修配技巧。"

子谦讲完不久，政一手中笔也停了，说道："子谦，您看，这是什么？（表8-1）"

表 8-1　夹具的含义

一	确保产品工序精度
二	定位、夹紧
三	夹具要求说明书、方案风险清单、夹具总成图
四	策划与准备、方案设计及评审、设计与制造、安装与验收
五	定位基准系、定位精度校核、夹紧力校核、产品要求相关尺寸传递、夹具稳定性分析

（续）

六	识别产品功能或要求、机构设计能力、公差应用、材料及热处理、现场工艺调试、及问题解决
七	辅助定位、自由度分析、定位误差、夹紧原则与要素、生长法、尺寸链、修配技巧

政一说："还没有结束！您一直说的五大元件是什么？"

子谦说："定位、夹紧、对刀、导向、夹具体。"

政一说："看这张图（图8-2），再讲讲细节吧。"

子谦继续补充着，不到30min，政一画出了完整的思维导图（附录H）。

图8-2　夹具的五大元件

练 习 题

8-1　请简要谈谈定位元件的性能要求。

8-2　请简要谈谈主要夹紧元件的性能要求。

8-3　请简要谈谈夹具本体的性能要求。

8-4　请简述夹具的公差与产品公差的关系。

8-5　请简述夹紧力大小的计算思路。

8-6　夹具常用的五大元件是什么？

8-7　常用的找正方法有哪些？

8-8　比较直接法、划线法和夹具法三种方法的优缺点。

	精度	成本	工时	技能	优点	缺点	场合
直接法							
划线法							
夹具法							

8-9　简述生长法的定义。

8-10　夹具验收必需的资料有哪些？

答案部分

第1章　工装夹具基础概论

1-1　请简要谈谈什么是工艺装备。

答：工艺装备简称工装，是将零件加工至设计图样要求所必须具备的基本加工条件和手段。

1-2　工艺装备包括哪些具体内容？

答：包含加工设备（标准、专用和非标准设备）、夹具、模具、量具、刀具和辅具等。

1-3　请简要谈谈什么是夹具。

答：使工件相对于机床和刀具占有正确且保持位置不变的一种装夹工件的装置。

1-4　请简要谈谈什么是定位。

答：使工件在机床或夹具中占有正确位置的过程。

1-5　请简要谈谈什么是夹紧。

答：将已正确定位的工件可靠地夹牢，关键是平衡加工时工件所受的力和力矩，以防止工件发生不应有的位移，从而破坏定位。

1-6　请简要谈谈工件在加工过程中会受到哪些力的影响。

答：工件会受切削力、离心力、冲击力和振动等的影响。

1-7　请简要谈谈工装夹具的工程使用目的。

答：（1）提高定位的稳定性和一致性，从而保证零件的加工质量，减小废品率。

（2）缩短找正时间，从而提高零件的生产率。

（3）扩大机床的加工范围。

（4）降低对工人技术水平的依赖，并替代部分工人的操作任务，从而降低劳动条件和强度。

1-8　请简要谈谈六点定位原理。

答：用合理分布的 6 个支承点消除工件的 6 个自由度，使工件在夹具中的位置完全确定，这个原理称为六点定位原理。

1-9　请简要谈谈定位的目的。

答：定位表面上是控制自由度，其实是为了找正产品的关键加工尺寸。

1-10　从工件本身的 6 个自由度限制情况来看，定位情况可以分为哪几类？

答：分为完全定位和不完全定位两类。

当 6 个自由度全部得到限制时，称为"完全定位"；否则称为"不完全定位"。

1-11　从是否满足工艺要求限制的自由度情况来看，定位情况可以分为哪几类？

答：分为欠定位和过定位两类。

应该限制的自由度没有被限制，则称为"欠定位"。

过定位又叫"重复定位"，是工件的同一自由度被两个或两个以上的定位元件重复限制的一种定位情况。

1-12　如果需要控制图 1-23 所示尺寸 A、B，则图 1-24 所示结构限制的自由度数够吗？

答：够。

1-13　请简述夹紧三原则。

答：不移动，不变形，不振动。

第 2 章　夹具设计的要点

2-1　请简述一面两销的过定位消除方法。

答：长销改短销，大销改小销，采用菱形销。

2-2　夹具是否要限制工件的 6 个自由度？

答：未必要限制 6 个自由度，根据实际控制的尺寸来控制自由度。例如：磨床上磨削薄壁类工件。

2-3　连线题，在图 2-46 所示的定位元件与对应的应用情况之间连一条线。

答：见答图 2-1。

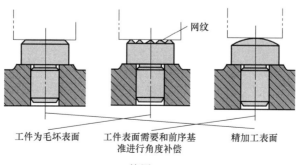

答图 2-1

2-4 图 2-47 所示辅助支承的常用自锁角度是多少？

答：α 角度的小于 $10°$，常取 $7°\sim9°$。

2-5 什么情况下锥度心轴需要分成多根？

答：工件的轴向厚度大，孔径公差大，锥度特别小。

2-6 定位误差有哪几种类型？

答：分为基准移动误差和基准不重合误差两类，其中，基准移动误差是由定位元件和工件定位基准面之间的制造误差和间隙决定的；基准不重合误差是工序之间存在加工定位基准变化的情况。

2-7 请简述夹紧力在粗加工和精加工时的区别以及原因。

答：夹紧力是用于平衡工件的切削力和力矩的。

粗加工时夹紧力大，因为切削力大，计算时安全系数范围 $K=2.5\sim3$。

精加工时夹紧力小，因为切削力小，计算时安全系数范围 $K=1.5\sim2$。

2-8 请简述夹紧力的三要素。

答：力的大小、方向和作用点。

2-9 请简要谈谈，当存在多个夹紧力时，夹紧动作的设计要点。

答：力的方向：平衡工件受力的主夹紧力，必须正对主定位基准。

力的大小：主夹紧力足够大，仅使工件与支承可靠接触的力不能太大。

动作顺序：仅使零件与支承可靠接触的力应先作用，主夹紧力应在最后作用。

2-10 请简述夹紧力的作用点设计原则。

答：（1）应正对支承元件或其所形成的支承平面内。

（2）应位于工件刚性较好的部位。

（3）应尽量靠近加工面/部位，可增加辅助支承。

（4）足够作用点面积。

（5）对称均匀分布。

2-11 请简述夹紧力的方向设计原则。

答：（1）应正指向定位点（主定位基准）。

（2）应指向工件刚性最好的方向。

（3）应尽量同切削力与重力方向一致（夹紧力产生的摩擦力方向一致也可）。

（4）夹紧力矩与切削力矩平衡（夹紧力矩产生的摩擦力方向一致也可）。

2-12 图 2-48 所示长轴控制的自由度是什么？

答：X 轴移动，Z 轴移动，X 轴转动，Z 轴转动。

2-13 图 2-49 所示短轴控制的自由度是什么？

答：X 轴移动，Z 轴移动。

2-14 如图 2-50 所示，1、2、3 点在底边，4、5 点在侧边，6 点在侧边。请简述自由度的控制情况。

答：1，2，3 点组成第一基准及控制 3 个自由度，Z 轴移动，X 和 Y 轴转动。

4，5 点组成第二基准及控制 2 个自由度，X 轴移动，Z 轴转动。

6 点组成第三基准及控制 1 个自由度，Y 轴移动。

2-15　如图 2-51 所示，1、2 两板在底边，3 板在侧边。请简述自由度的控制情况。

答：1，2 两板组成第一基准及控制 3 个自由度，Z 轴移动，X 和 Y 轴转动。

3 板组成第二基准及控制 2 个自由度，X 轴移动，Z 轴转动。

2-16　如图 2-52 所示，其中左图锥销固定不动，右图锥销可以上下移动。请问其自由度的控制情况有哪些不同点？

答：左图中锥销控制 3 个自由度：X、Y 和 Z 轴移动。

右图中锥销控制 2 个自由度：X 和 Y 轴移动。

第 3 章　夹具的开发流程

3-1　设计夹具上的工件定位基准时，应考虑与什么保持一致？

答：与工序基准保持一致。

3-2　当工序基准和夹具基准不统一时，怎样解决？

答：计算工艺尺寸链。

3-3　请简要谈谈夹具要求说明书的内容。

答：（1）工件信息：重量、定位夹紧部位加工状态等。

（2）工艺信息：定位夹紧要求，加工内容及程度，切削力，工件加工运动情况。

（3）机床信息：类型，安装连接方式，夹紧动力源。

（4）操作信息：工位数，上料方式等。

3-4　请简述夹具要求说明书的全称。

答：夹具开发工艺技术要求及工况条件说明书。

3-5　请简要谈谈，怎样评估供应商的夹具开发能力。

答：夹具要求说明书，夹具方案草图及风险分析清单。

3-6　本章哲波师父介绍了一套夹具开发流程，请谈谈这套流程的最核心思想。

答：可以用"要求"和"系统"二词来形容。

首先，定义"要求"——充分地理解客户、产品、工艺和机床，这四者需要什么样的夹具。

然后，分析"要求"的风险点——在具体设计之前进行必要的风险分析。

最终，控制"要求"相关的风险点——最大限度地保证开发质量。

3-7　哲波师父的夹具开发流程是怎样做到积累夹具开发技术经验的？

答：（1）夹具要求说明书积累吃透图样和夹具需求的要点。

（2）夹具方案风险分析清单整理技术问题的解决思路。

第8章 总结

8-1 请简要谈谈定位元件的性能要求。

答：（1）定位板、支承钉和定位销要求为：有足够的整体强度和刚度，精度高、耐磨性好、便于拆装；材料常选 T8A 合金钢并淬火。

（2）定位心轴的要求：有足够的整体硬度，良好的综合力学性能，常用中碳钢淬火。

8-2 请简要谈谈主要夹紧元件的性能要求。

答：（1）压板表面需要一定硬度，有韧性，能承受一定的挠度，材料不可用铸件。

（2）胀套类零件要求表面有硬度，整体有弹性，所以材料常有弹簧钢（65Mn 等）。

8-3 请简要谈谈夹具本体的性能要求。

答：夹具本体的要求：抗振、抗压并且稳定。铸铁比较适合，因为石墨呈层状分布，可以吸振并且耐磨。但由于现在市场上购买铸铁板不太方便，而且 45 钢的采购件便于加工，迫于客户交期的问题，大量夹具制造商采用 45 钢。

8-4 请简述夹具的公差与产品公差的关系。

答：夹具公差要比产品公差更严才能保证产品的质量要求，取值范围为产品公差的 1/10 ~ 1/3，一般取值为 1/3 比较多。

8-5 请简述夹紧力大小的计算思路。

答：夹紧力的主要作用是平衡工件加工过程中的力以及力矩，因为在加工过程中工件会受到切削力、离心力、重力、冲击力和振动。

8-6 夹具常用的五大元件是什么？

答：定位元件及装置，夹紧元件及装置，对刀元件，导向元件，夹具体。

8-7 常用的找正方法有哪些？

答：（1）直接法——直接找正安装。

（2）划线法——划线找正安装。

（3）夹具法——夹具定位找正。

8-8 比较直接法、划线法和夹具法三种方法的优缺点。

	精度	投资	工时	技能	优点	缺点	场合
直接法	高	低	高	高	定位精度高,避免夹具的定位误差	安装费时,效率低	单件
划线法	低	低	中	高	减少机内时间(找正时间)	精度不高（划线误差；观察误差）	小批量,低精度毛坯大型工件

（续）

	精度	投资	工时	技能	优点	缺点	场合
夹具法	中	高	低	低	（1）易于保证精度一致性 （2）作业时间短 （3）扩大机床能力	夹具本身有误差，设计要求高	大批量生产

8-9　简述生长法的定义。

答：第一，用双点画线绘制出工件。

第二，用粗实线绘制定位元件、夹紧元件。

第三，绘制对刀元件和导向元件。

第四，绘制夹具体。

第五，补齐其他未完成的视图。

8-10　夹具验收必需的资料有哪些？

答：产品图样、工艺图样、夹具要求、夹具方案草图、夹具方案风险分析清单、夹具设计计算说明书、夹具图样、夹具上所有子零件的测量报告、总成的关键尺寸测量报告、试生产产品的尺寸以及 CPK 能力情况。

附　录

附录 A　与工件公差相关的夹具尺寸

本附录中的夹具尺寸是与工件的加工精度密切相关的，如本书第5.2.2节中解释的连杆夹具的两个定位销之间的距离，对刀块的位置尺寸等。

这类尺寸可以由工件的尺寸公差和几何公差值来定，一般取值情况见附表 A-1。

具体取值时可以查附表 A-1~附表 A-3，同时请考虑以下三点情况而适当调整。

第一，工件的加工精度。

第二，产品的批量。

第三，制造商的加工能力。

附表 A-1　夹具的尺寸和几何公差

工件公差	夹具公差
一般精度~高精度	工件公差的 1/5~1/3

注：本表为经验数据，必要时可根据实际情况调整。

附表 A-2　夹具技术要求强制执行表

要求细则	参数/mm
同一基准之支承钉/板的高度公差	≤0.02
定位基准到安装基准的方向公差（平行度/垂直度）	≤0.02：100
导套中心对安装基面的方向公差	≤0.02：100
镗模前后套的同轴度	≤0.02
对刀块工作面到安装基准的方向公差（平行度/垂直度）	≤0.02：100
车磨夹具的找正带对回转中心的跳动	≤0.02

注：本表虽为经验数据，但为了确保夹具精度建议强制执行，取值时小于上面列出的参数即可。

附表 A-3　对刀块到定位基准位置尺寸公差

工件公差/mm	夹具公差
±0.1	工件公差的 1/5
±0.1~±0.2	工件公差的±1/4
±0.2	工件公差的±1/3

注：本表为经验数据，必要时可根据实际情况调整。

附录 B　夹具五大元件常用配合

元件	常用配合		备注
	内孔/与工件间	外孔/与夹具体间	
衬套	H6 或 H7	H7/r6 或 H7/n6	
固定钻套	G7 或 F8	与钻模板 H7/r6 或 H7/n6	
快换钻套	钻孔及扩孔时 F8	与衬套 H7/g5 或 H7/g6	*
	粗铰孔时 G7	与衬套 H7/g5 或 H7/g6	*
	精铰孔时 G6	与衬套 H7/g5 或 H7/g6	*
镗套	与镗杆 H6/g5,H7/g6	与衬套 H6/h5,H7/h6	*
支承钉		与夹具配合 H7/r6,H7/n6	
定位销	H7/h6、H7/g6、H7/f7 或 H6/h5、H6/g5、H6/f6	与夹具体配合 H7/r5,H7/n5	
可换定位销		与衬套配合 H7/h6	

注：＊刀具的最大尺寸为公称尺寸。

附录 C　夹具五大元件选材和热处理

名称		推荐材料及热处理
定位元件	支承钉	T8A 钢,渗碳深度为 0.8~1.2mm,淬火 55~60HRC 合金钢,淬火 55~60HRC
	支承板	
	定位销	
	可调支承	
	定位心轴	T8A 钢,淬火 55~60HRC
	V 形块	20 钢,渗碳深度为 0.8~1.2mm,淬火 55~60HRC
夹紧元件	弹性胀套	65Mn 钢,夹工件部分淬火 55~60HRC,弹性部分淬火 43~48HRC
	斜楔	20 钢,渗碳深度为 0.8~1.2mm,淬火 55~60HRC
	摆动压块	45 钢,淬火 35~40HRC
	压板	45 钢,淬火 35~40HRC
	圆偏心轮	20 钢,渗碳深度为 0.8~1.2mm,淬火 55~60HRC
对刀块		20 钢,渗碳深度为 0.8~1.2mm,淬火 55~60HRC
塞尺		T8A 钢,淬火 55~60HRC
定向键		45 钢,淬火 35~40HRC
钻套		HT200,时效处理 20 钢,渗碳深度为 0.8~1.2mm,淬火 60~64HRC
衬套		（同上）
固定式镗套		20 钢,渗碳深度为 0.8~1.2mm,淬火 55~60HRC
夹具体		HT200,时效处理 45 钢,淬火 35~40HRC

附录 D　夹具菱形定位销尺寸

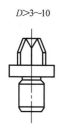
$D > 3 \sim 10$

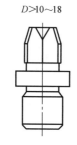
$D > 10 \sim 18$

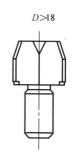
$D > 18$

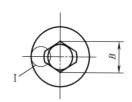

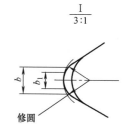
$\dfrac{I}{3:1}$

修圆

（单位：mm）

d	$3 \sim 6$	$6 \sim 8$	$8 \sim 20$	$20 \sim 24$	$24 \sim 30$	$30 \sim 40$	$40 \sim 50$
B	$d-0.5$	$d-1$	$d-2$	$d-3$	$d-4$	$d-5$	$d-6$
b_1	1	2	3	3	3	4	5
b	2	3	4	5	5	6	8

注：摘自 JB/T 8014.2—1999。

附录 E　夹具夹紧计算相关资料与参数

附表 E-1　螺栓的许用夹紧力及夹紧力矩

螺纹公称直径/mm		8	10	12	16	20	24	27	30
许用夹紧力/N		2573	4021	5790	10294	16084	23162	29314	36191
加在螺母上的夹紧力矩/N·mm	支承面有滚动轴承	2.15	4.12	7.16	16.8	31.9	54.8	78.4	107
	无轴承	4.9	9.32	15.9	37.2	65.7	121	175	239

注：本表数据为简略计算结果。

附表 E-2　摩擦系数

摩擦条件	取值
工件表面已加工	0.16
工件表面未加工,夹头/定位表面平滑	0.2~0.25
工件表面未加工,夹头/定位表面沟槽与切削力方向一致	0.3~0.4
工件表面未加工,夹头/定位表面沟槽与切削力方向垂直	0.3~0.4
工件表面未加工,夹头/定位表面有齿纹	0.6~0.9

附录 F　夹具定位夹紧及装置符号

本文摘自 JB/T 5061—2006《机械加工定位、夹紧符号》。

附表 F-1　定位支承符号

定位支承类型	符号			
	独立定位		联合定位	
	标注在视图轮廓线上	标注在视图正面	标注在视图轮廓线上	标注在视图正面
固定式				
活动式				

注：视图正面是指观察者面对的投影面。

附表 F-2　辅助支承符号

独立支承		联合支承	
标注在视图轮廓线上	标注在视图正面	标注在视图轮廓线上	标注在视图正面

附表 F-3　夹紧符号

夹紧动力源类型	符号			
	独立夹紧		联合夹紧	
	标注在视图轮廓线上	标注在视图正面	标注在视图轮廓线上	标注在视图正面
手动夹紧				

(续)

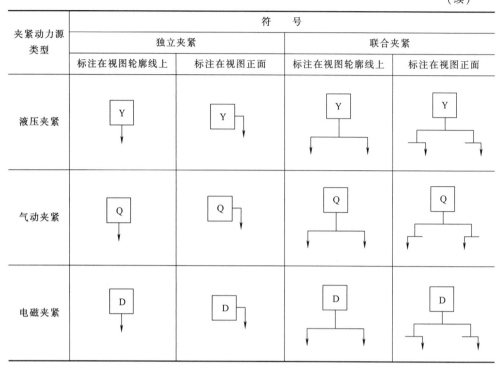

附表 F-4　定位夹紧常用装置符号

序号	符号	名称	简图	序号	符号	名称	简图
1		固定顶尖		5		内拨顶尖	
2		内顶尖		6		浮动顶尖	
3		回转顶尖		7		伞形顶尖	
4		外拨顶尖		8		圆柱心轴	

序号	符号	名称	简图	序号	符号	名称	简图
9		锥度心轴		18		止口盘	
10		螺纹心轴	（花键心轴也用此符号）	19		拨杆	
11		弹性心轴	（包括塑料心轴）	20		垫铁	
		弹簧夹头		21		压板	
12		自定心卡盘		22		角铁	
13		单动卡盘		23		可调支承	
14		中心架		24		机用虎钳	
15		跟刀架		25		中心堵	
16		圆柱衬套		26		V形块	
17		螺纹衬套		27		软爪	

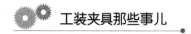

附录 G　案例——连杆铣槽夹具开发整套资料

夹 具 开 发

夹具名称：连杆铣槽夹具
产品名称：连杆
产品件号：L123
工序号：OP50

设计：_____
审核：_____
批准：_____

目　　录

序号	内容	备注
1	产品图样	参考图 7-4
2	工艺图样	参考图 4-3
3	夹具要求说明书	参考图 4-7
4	夹具方案草图	参考图 5-26
5	夹具方案风险分析清单	附表 G-1
6	夹具设计计算说明书	附表 G-2~附表 G-5
7	夹具图样 （根据制造和实际应用的要求，对书中的夹具图样做了改进，实际夹具图样等资料可关注"机械工人之家"回复"工装夹具"，获得下载地址）	参考图 6-2 参考图 6-3 参考图 6-4 参考图 6-5 参考图 6-6 参考图 6-7 参考图 6-8 参考图 6-9

附表 G-1　夹具方案风险分析清单

序号	产品/工序尺寸要求	夹具控制点/要求	失效因素/参数（校核计算请见后续列表）	实际数值	期望值数	改革方案	说明书编号
				连杆 L123	工序名称 工序编号		铣槽 OP50
1	槽宽 8～8.4mm	对刀块侧边位置（7.1±0.02）mm	夹具体,对刀块和定位销的装配误差（尺寸链）	±0.02mm	±0.02mm		J123-00-01 报警
		对刀块侧边相对夹具安装基准平行度公差 0.02mm	夹具体和对刀块的装配误差（尺寸链）	<0.015mm	0.02mm		
2	槽深 8～8.4mm	对刀块的底角位置（8.92±0.016）mm	夹具体,对刀块和支承板的装配误差（尺寸链）	±0.016mm	±0.016mm		J123-00-01
		对刀块底边相对夹具安装基准的平行度公差 0.02mm	夹具体和对刀块的装配误差（尺寸链）	<0.015mm	0.02mm		
3	对称度 0.3mm	直线移动误差小于 0.048mm	工件 φ40mm 的定位孔的定位间隙值	0.1mm	0.08mm	工件孔（φ40～40.1）mm 改为 φ（40～40.08）mm	J123-00-03 报警
4	45°±1°	转角误差在±1°范围内	工件 φ40mm,φ15mm 两孔定位间隙产生的转角值	0.149/60	0.348/60	无	J123-00-04
5	夹紧力平衡切削力 498.9N	螺栓拉力	螺栓许用夹紧力	3918N	3924N		J123-00-05

审核：　　　　　　　　产品名称　　　　　夹具名称　　连杆铣槽夹具
编制：　　　　　　　　产品编号　　　　　夹具编号　　J123-00
日期：

112

附表 G-2　夹具设计计算说明书（一）

编　　制：＿＿＿＿＿＿

说明书编号：J123-00-01

设计计算项目	对刀块侧边位置		夹具方案风险分析清单第 1,2 项		
夹具名称	连杆铣槽夹具	产品名称	连杆	工序名称	铣槽
夹具编号	J123-00	产品编号	L123	工序编号	OP50

误差类型	原始数据		期望目标		改善方案
	孔 1	孔 2	孔 1	孔 2	
基准移动 ΔY/mm					无
基准不重合 ΔB/mm					
直线位移误差最大值/mm					
转角位移误差最大值/mm					

计算结果：

1. 对刀块工作面相对于夹具主定位面的位置尺寸是(8.92±0.02)mm。

2. 对刀块工作面相对于夹具定位销中心的位置尺寸是(7.1±0.02)mm。

3. 对刀块工作面(侧边,底边)相对于夹具安装基准的平行度公差是 0.02mm。

计算过程：

1. 对刀块工作面相对夹具主定位面的位置尺寸是(8.92±0.02)mm。

设计思路 1：根据 1/5~1/3 的原则计算。

设计思路 2：查附表 A-3。

设计思路 1：工件尺寸是(11.92±0.08)mm,公差取工件尺寸公差的 1/3,塞尺的厚度是 3mm。

公称尺寸：11.92mm-3mm=8.92mm。

公差计算：±0.08mm/3≈±0.027mm。

设计思路 2：±0.02mm(查附表 A-3,选工件的公差小于±0.10mm)。

综上评估,选择公差值：(8.92±0.02)mm。

2. 对刀块工作面相对于夹具定位销中心的位置尺寸是(7.1±0.02)mm。

① 公称尺寸确认。

槽宽 8~8.4mm,转化成中值对称公差：(8.2±0.2)mm,塞尺的厚度为 3mm。

公称尺寸：8.2mm/2=4.1mm,4.1mm+3mm=7.1mm,取 7.1mm。

② 公差确认。

设计思路 1：取工件公差的 1/3;工件公差为±0.2mm/2=±0.1mm。

公差计算：0.1mm/3≈0.033mm。

设计思路 2：±0.02mm(查附表 A-3,选工件的公差小于±0.10mm)。

综上评估,选择公差值：(7.1±0.02)mm。

3) 对刀块工作面(侧边,底边)相对于夹具安装基准的平行度公差为 0.02mm,查附表 A-2。

附表 G-3　夹具设计计算说明书（二）

编　　制：_____

说明书编号：J123-00-03

设计计算项目	对称度公差 0.3mm 定位精度校核		夹具方案风险分析清单第 _3_ 项		
夹具名称	连杆铣槽夹具	产品名称	连杆	工序名称	铣槽
夹具编号	J123-00	产品编号	L123	工序编号	OP50

误差类型	原始数据		期望目标		改善方案
	孔 1	孔 2	孔 1	孔 2	
基准移动 ΔY/mm	0.116	0.187	0.098		工件（编号 L123）的孔 ϕ（40～40.1）mm 改为 ϕ（40～40.08）mm
基准不重合 ΔB/mm	0	0		0	
直线位移误差最大值/mm	0.058				
转角位移误差最大值/mm	0.149/60				

计算结果:见改善方案

　计算过程：

1. 设计定位销

（1）建立计算模型

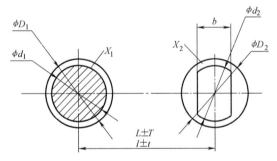

D_1——圆柱销对应孔的直径（mm）；ϕ（40～40.1）mm（已知）

d_1——圆柱销的直径（mm）；

D_2——菱形销对应孔的直径（mm）；ϕ（15～15.1）mm（已知）

d_2——菱形销的直径（mm）；

　b——菱形销的宽度（mm），查附录 D

$L\pm T$——工件孔的间距和公差（mm）；（60±0.1）mm（已知）

$l\pm t$——定位销的间距和公差（mm）；

X_1——圆柱销与孔双边的间隙（mm）；

X_2——菱形销与孔双边的间隙（mm）。

（2）确定圆柱销的直径

圆柱销直径的公称尺寸为 ϕ40mm，采用 h6 级公差。

圆柱销直径为 $\phi(39.984 \sim 40.00)$ mm。

（3）确定两销中心距离及公差

工件两孔中心距离及公差为 (60 ± 0.1) mm，取其公差的 1/3。

两销中心距离及公差为 (60 ± 0.03) mm，夹具图 X 和 Y 两个方向的尺寸为 (42.42 ± 0.021) mm。

（4）确定菱形销直径

1）计算 X_2 的最小值

$b=4$ mm（查附录 D）；$T=0.1$ mm；$t=0.03$ mm；$D_{2min}=15$ mm。

$$X_{2min} = \frac{2b(T+t)}{D_{2min}} = \frac{2\times4\times(0.1+0.03)}{15}\text{mm} = 0.069\text{mm}$$

2）计算菱形销的最大直径

$$d_{2max} = D_{2min} - X_{2min} = 15\text{mm} - 0.069\text{mm} = 14.931\text{mm}$$

3）计算菱形销的最小直径

查附录 B，菱形销的公差等级一般为 IT6 或 IT7。公称尺寸为 15mm 时，IT7=0.018mm。

$$d_{2min} = d_{2max} - 0.018\text{mm} = 14.931\text{mm} - 0.018\text{mm} = 14.913\text{mm}$$

确定，菱形销公差 IT7，直径 $\phi(14.913 \sim \phi14.931)$ mm。

综上，确认夹具与工件图样如下：

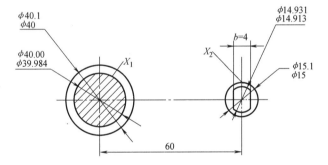

$X_1 = 0 \sim 0.116$（双边）
$X_2 = 0.069 \sim 0.187$（双边）

2. 极限状态确认——最危险的状况

工件以大孔的间隙极限向上（或向下）移动为最危险的状况。工件整体在同一个方向上的运动值为 0.116mm/2 = 0.058mm，贴到定位销边缘，如下图（B 基准为工件大孔）。

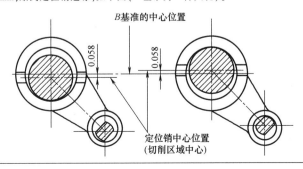

（续）

3. 数据计算

工件的对称度要求为 0.3mm，取 0.3mm/3 = 0.1mm。

夹具误差：0.058mm×2 = 0.116mm > 0.1mm。

结果：定位精度不够，原因是大孔和圆柱销间间隙太大。

由下表看出，若工件孔公差的贡献率高，则严控孔公差 $\phi(40 \sim 40.08)$ mm。

	数值	贡献率
大孔公差	0.1mm	86%
圆柱销公差	0.016mm	14%
总间隙	0.116mm	100%

4. 调整数据重新计算

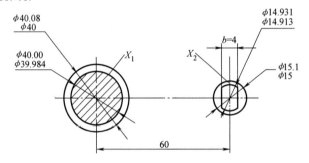

$X_1 = 0 \sim 0.096$

$X_2 = 0.069 \sim 0.187$

修改大孔的直径：$\phi(40 \sim 40.08)$ mm，如上图。工件整体在同一方向上运动值为 0.098mm/2 = 0.049mm，贴到定位销边缘。

工件的对称度要求为 0.3mm，取 0.3mm/3 = 0.1mm。

夹具误差：0.049mm×2 = 0.098mm < 0.1mm。

结果：定位精度满足要求。

附表 G-4　夹具设计计算说明书（三）

编　　制：_____

说明书编号：J123-00-04

设计计算项目	45°±1°定位精度校核		夹具方案风险分析清单第 4 项		
夹具名称	连杆铣槽夹具	产品名称	连杆	工序名称	铣槽
夹具编号	J123-00	产品编号	L123	工序编号	OP50

（续）

误差类型	原始数据		期望目标		改善方案
	孔 1	孔 2	孔 1	孔 2	
基准移动 ΔY/mm	0.116	0.187	0.098		
基准不重合 ΔB/mm	0	0			
直线位移误差最大值/mm	0.058				
转角位移误差最大值/mm	0.149/60				

计算结果:定位满足工序要求

计算过程:

1. 建立模型

借用夹具设计计算说明书 J123-00-04 的设计内容,列基本参数如下图。

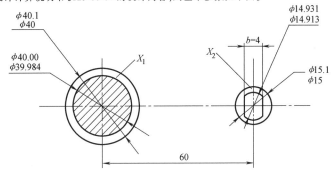

X_1=0~0.116(双边)
X_2=0.069~0.187(双边)

2. 极限状态确认——最危险的状况

左边孔向上运动贴到定位销的边缘,右边孔向下运动贴到定位销的边缘,如下图。

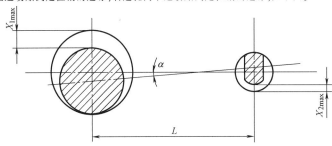

X_1=0~0.116
X_2=0.069~0.187

3. 数据计算

工件转角位移误差要求为 1°/3 = 0.333°。

夹具转角位移误差为 0.14°。

$$\tan\alpha = \frac{X_{1max} + X_{2max}}{2L} = \frac{0.298\text{mm}}{2 \times 60\text{mm}} = 0.0025$$

$$\alpha = \arctan 0.0025 = 0.14° < 0.333°$$

结论:夹具转角位移误差满足图样要求。

附表 G-5　夹具设计计算说明书（四）

编　　制：_____

说明书编号：J123-00-05

设计计算项目	夹紧力平衡切削力 3200N		夹具方案风险分析清单第 5 项	
夹具名称	连杆铣槽夹具	产品名称	连杆	工序名称	铣槽
夹具编号	J123-00	产品编号	L123	工序编号	OP50

工件切屑力	184.5N	改善方案
夹紧情况	两个压板,螺栓压紧	
夹紧动力源	手动	

计算结果:M8 的螺栓两个(GB/T 6170)。

计算过程:

1. 确认削切力

参考工艺文件(工艺设计说明书),切削刀:498.8N。

2. 建立夹紧力学结构模型

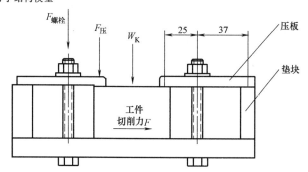

3. 计算螺栓夹紧力

F:切削力(N);

W_K:实际所需夹紧力(N);

K:安全系数,粗加工时为 2.5~3mm,精加工时为 1.5~2mm,取 1.5mm;

μ:摩擦系数,根据附表 E-2,取 0.16。

$$W_K = \frac{KF}{\mu} = \frac{1.5 \times 498.8}{0.16}N = 4676.3N$$

$$F_{压} = \frac{1}{2}W_K = 2338.15N$$

$$F_{螺栓} = \frac{62}{37}F_{压} = 3918.0N$$

结论:螺栓的夹紧力取值 3920N。

4. 螺栓的选择

螺栓的夹紧力取值 3920N,查附表 E-1（螺栓的许用夹紧及夹紧力矩）。

M10 的许用夹紧 4021N>3920N。

结论:M10 的螺栓两个（GB/T 6170）。

附录 H　夹具设计思维导图

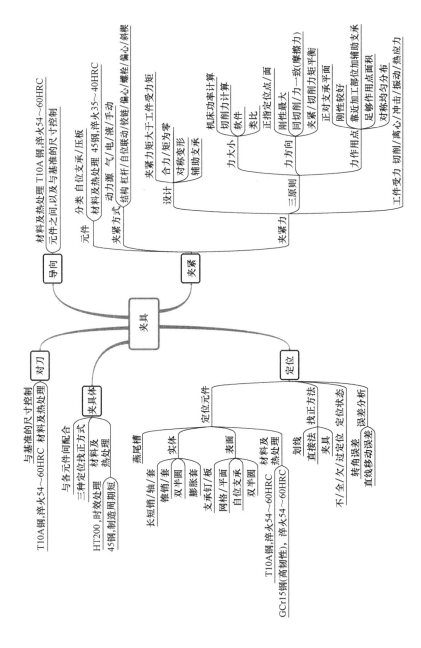

附录 I 常用机床夹具标准清单

JB/T 5061—2006《机械加工定位、夹紧符号》

JB/T 8044—1999《机床夹具零件及部件 技术要求》

JB/T 8014.1—1999《机床夹具零件及部件 小定位销》

JB/T 8014.2—1999《机床夹具零件及部件 固定式定位销》

JB/T 8014.3—1999《机床夹具零件及部件 可换式定位销》

JB/T 8015—1999《机床夹具零件及部件 定位插销》

JB/T 10115—1999《机床夹具零件及部件 车床用定位轴》

JB/T 10116—1999《机床夹具零件及部件 锥度心轴》

JB/T 8016—1999《机床夹具零件及部件 定位键》

JB/T 8017—1999《机床夹具零件及部件 定向键》

JB/T 8018.1—1999《机床夹具零件及部件 V 形块》

JB/T 8018.2—1999《机床夹具零件及部件 固定 V 形块》

JB/T 8018.3—1999《机床夹具零件及部件 调整 V 形块》

JB/T 8018.4—1999《机床夹具零件及部件 活动 V 形块》

JB/T 8019—1999《机床夹具零件及部件 导板》

JB/T 8029.1—1999《机床夹具零件及部件 支承板》

JB/T 8029.2—1999《机床夹具零件及部件 支承钉》

JB/T 8010.1—1999《机床夹具零件及部件 移动压板》

JB/T 8010.2—1999《机床夹具零件及部件 转动压板》

JB/T 8036.2—1999《机床夹具零件及部件 可调支座》

JB/T 8045.1—1999《机床夹具零件及部件 固定钻套》

JB/T 8046.1—1999《机床夹具零件及部件 镗套》

参 考 文 献

［1］ 吴拓. 机床夹具设计实用手册 ［M］. 北京：化工工业出版社，2014.

［2］ 朱耀祥，浦林祥. 现代夹具设计手册 ［M］. 北京：机械工业出版社，2009.

［3］ 孙丽媛. 机械制造工艺及夹具设计指导 ［M］. 北京：冶金工业出版社，2010.

［4］ 濮良贵，纪名刚. 机械设计 ［M］. 7 版. 北京：高等教育出版社，2003.